严寒地区
碾压混凝土重力坝
温控防裂技术

夏世法　著

中国电力出版社

CHINA ELECTRIC POWER PRESS

内 容 提 要

随着碾压混凝土筑坝技术的发展，国内外在严寒地区修建碾压混凝土重力坝日趋增多。而由于严寒地区独特的气候特点以及碾压混凝土坝本身采取通仓浇筑、不分纵缝以及越冬长间歇式的施工方法，使严寒地区碾压混凝土重力坝具有独特的温度、应力时空分布规律。在严寒地区修建碾压混凝土重力坝较多出现裂缝现象，严重影响坝体的安全性、耐久性以及工程建设的经济性。本书主要针对严寒地区碾压混凝土重力坝温控防裂技术展开研究。

本书共分 7 章，主要内容包括：综述、大体积混凝土温度场及应力场计算理论及自编程序、严寒地区碾压混凝土重力坝温控关键技术研究、大坝施工期温度场反馈分析及温控指标的调整、设置诱导缝削减碾压混凝土重力坝温度应力的效果研究、严寒地区重力坝置换混凝土温度应力研究、大坝施工仿真三维可视化管理系统的开发及应用。

本书具有较强的指导性和实用性，可为以后类似工程的建设提供全面、系统的参数经验借鉴。本书可供大体积混凝土结构设计、施工及管理人员使用，也可供相关高等院校师生及相关领域科研人员参考。

图书在版编目（CIP）数据

严寒地区碾压混凝土重力坝温控防裂技术/夏世法著. —北京：中国电力出版社，2023.4

ISBN 978-7-5198-5476-8

Ⅰ. ①严… Ⅱ. ①夏… Ⅲ. ①寒冷地区—碾压土坝—混凝土坝—重力坝—温度控制②寒冷地区—碾压土坝—混凝土坝—重力坝—防裂 Ⅳ. ①TV642.3

中国版本图书馆 CIP 数据核字（2021）第 047685 号

出版发行：中国电力出版社

地　　址：北京市东城区北京站西街 19 号（邮政编码 100005）

网　　址：http://www.cepp.sgcc.com.cn

责任编辑：安小丹（010—63412367）

责任校对：黄 蓓 马 宁

装帧设计：赵姗姗

责任印制：吴 迪

印　　刷：三河市万龙印装有限公司

版　　次：2023 年 4 月第一版

印　　次：2023 年 4 月北京第一次印刷

开　　本：787 毫米×1092 毫米　16 开本

印　　张：12.5

字　　数：232 千字

定　　价：70.00 元

前 言

随着碾压混凝土筑坝技术的发展，国内外在严寒地区修建碾压混凝土重力坝日趋增多。而由于严寒地区独特的气候特点以及碾压混凝土坝本身采取通仓浇筑、不分纵缝以及越冬长间歇式的施工方法，使严寒地区碾压混凝土重力坝具有独特的温度、应力时空分布规律。严寒地区修建碾压混凝土重力坝较多出现裂缝现象，严重影响坝体的安全性、耐久性以及工程建设的经济性。因此，严寒地区碾压混凝土重力坝温控防裂成为一个新的课题，本书旨在对此进行研究。

本书主要从以下方面进行阐述：

（1）用 FORTRAN 语言开发大体积混凝土温度场及徐变应力场三维仿真计算程序。该计算程序可模拟大坝从第一仓混凝土开始的浇筑施工、蓄水过程，考虑施工过程中各种温控措施的作用、各种材料热力学参数随时间的变化、边界条件的变化及外界环境影响等条件，进行大坝温度场和徐变应力场全过程的计算分析。

（2）针对严寒地区碾压混凝土重力坝极易出现温度裂缝的问题，通过在施工现场跟踪某百米级碾压混凝土重力坝的整个施工过程，利用三维仿真计算程序对严寒地区大坝施工过程中浇筑温度、水管冷却、临时保温、永久保温、越冬保温等施工期温控措施的防裂效果进行研究。通过施工期大坝温度的实际监测资料，对典型坝段进行热学参数反演并进行施工反馈分析，调整施工现场的温控措施及温控指标。总结提出严寒地区碾压混凝土重力坝配套的防裂措施，有效防止大坝危害性裂缝的出现，特别是解决了越冬水平层面开裂这一在国内外严寒地区碾压混凝土重力坝中普遍出现的问题。

（3）针对严寒地区碾压混凝土重力坝局部部位无法实施永久保温的问题，初步研究诱导缝这一在拱坝中经常采用的结构措施在削减严寒地区碾压混凝土重力坝高应力区应力的作用效果。在高应力区设置诱导缝，与常规温控措施配套使用，可以进一步简化施工，具有较好的经济效益。

（4）针对严寒地区碾压混凝土重力坝实际施工过程中基础温差控制指标经

常出现超规范要求的现象，通过某已建碾压混凝土重力坝的工程实践，研究严寒地区碾压混凝土重力坝在实施推荐的配套温控措施后大坝温度及应力的变化规律。提出对于严寒地区碾压混凝土重力坝，在实施永久保温后可适当放松基础温差，严格控制内、外温差和上、下层温差的观点。

（5）研究严寒地区重力坝内部置换混凝土及下游贴坡混凝土的温控防裂问题，并根据研究结果提出合理化工程建议。

（6）针对大坝施工过程中需要管理海量数据信息及大坝施工过程中三维可视化仿真的问题，与北京工业大学联合开发大坝施工期动态模拟及管理系统，并成功应用于某重力坝和拱坝两座大坝的实际施工。

本书的编撰出版工作得到了国家重点研发计划课题（2018 YFC0407103）的支持。在编写过程中，得到了中国水利水电科学研究院材料研究所李蓉，新疆额尔齐斯河流域开发工程建设管理局全永威、潘旭勇等的帮助，在此一并致谢！

作者

2020 年 12 月

目　　录

第一章

综　述

世界各国的坝工专家经过多年的研究应用，在 20 世纪 70 年代形成了两种碾压混凝土筑坝新工艺，即以美国柳溪坝为代表的全断面碾压施工工艺（Roller Compacted Concrete，RCC）和日本岛地川坝为代表的金包银碾压工艺（Roller Compacted Dam-Concrete，RCD）。世界上已完建碾压混凝土坝的数量从 1990 年底的 65 座增至 1994 年底的 136 座、1998 年的 218 座、2002 年的 263 座、2006 年的 323 座、2008 年的 370 座，截至 2022 年，世界上已建在建碾压混凝土数量达到 908 座。这些碾压混凝土坝大部分位于亚洲，特别是中国。碾压混凝土的筑坝方法，目前主要有 RCD 技术和 RCC 技术两种类型，两者在材料、施工及设计方面各有特色。RCD 技术发源于日本，在坝体上、下游面浇筑 2.5～3.0m 厚的常态混凝土作为防渗保护体，中间采用碾压混凝土；RCC 技术最早为欧美国家采用，坝体全断面采用碾压混凝土。中国的碾压混凝土坝，RCC 和 RCD 的技术均有采用。国内碾压混凝土多使用中、高胶凝混凝土，胶结材料用量大，粉煤灰掺量多，层间结合效果好。自江垭水库大坝（坝高 128m，混凝土方量 106 万 m³）建成以来，采用 RCC 技术的大坝通常采用二级配混凝土＋变态混凝土（GEVR）防渗方案。

目前碾压混凝土坝在世界范围内从极端炎热到极端寒冷地区都有分布。国外严寒地区修建的碾压混凝土坝主要分布在俄罗斯、美国、日本、加拿大、蒙古等。

俄罗斯的基柳伊水电站大坝为碾压混凝土重力坝，碾压混凝土浇筑方量 90 万 m³，大坝所在地区属温带季风气候，年平均温度约－4℃，冬季极端最低气温－55℃，夏季极端最高气温 36℃。布列斯卡亚（Bureiskya）大坝是目前俄罗斯最大的碾压混凝土重力坝，最大坝高 139m，坝体碾压混凝土方量约 350 万 m³。布列斯卡亚大坝所在地区气候条件非常恶劣，多年平均气温为－3.8℃，冬季极端最低气温达－58℃。

美国早期修建的上静水（Upper Stillwater）坝，冬季最低气温可达－35℃以下，坝高91m，碾压混凝土量112万 m^3。近年来，美国在寒冷地区修建的碾压混凝土重力坝包括新埃尔默托马斯坝、彼得森坝和圣克鲁斯坝。加拿大的拉克罗伯逊（Lac Robertson）坝所在地区的最低气温也在－35℃。

日本的玉川（Tamagawa）坝为 RCD 碾压混凝土重力坝，坝高100m，碾压混凝土方量115万 m^3，1987年开建。玉川坝位于寒冷地区，冬季积雪厚度可达2m，最低气温可降至－15℃以下。日本的忠别（Chubetu）坝位于北海道旭川西南22km的石狩川水系的忠别川上，坝址区地处寒冷地区，冬寒夏暖，特别是冬季时间很长，积雪期达4个月之久，最低气温可达－30℃。碾压混凝土坝高86m，坝顶长290m，混凝土方量100.7万 m^3，为适应寒冷地区的要求，忠别坝在混凝土抗渗性、抗冻性、耐久性方面进行了针对性的设计，并且在施工过程中采取了严格的温控措施。

蒙古泰西尔（Tashir）水电站大坝坝址区冬季严寒，年平均气温为0℃，极端最低气温－51℃；夏季炎热，极端最高气温39℃。大坝为碾压混凝土坝，坝体高度约50m，坝顶长约190m，坝体混凝土总量约20万 m^3。大坝混凝土配比中无任何防渗指标要求，坝体防渗由单排灌浆防渗帷幕和坝面防渗膜两部分组成。

我国碾压混凝土筑坝技术研究始于1978年，前期在龚嘴、沙溪口和铜街子等工程进行了一系列试验研究。1986年建成了坝高57m的坑口坝，成为国内第一座全断面碾压混凝土坝。后经过国家"七五"至"九五"科技攻关研究，我国的碾压混凝土筑坝技术取得了明显进步。自坑口开始到普定、温泉堡、江垭、龙首、石门子、溪柄、棉花滩、沙牌等工程实践，碾压混凝土筑坝新技术、新材料、新工艺不断涌现，筑坝水平不断提高，施工制约因素越来越少，使亚热带高温季节、严寒地区冬季碾压混凝土坝施工都成为可能，形成了中国特色的碾压混凝土技术，大大推动了碾压混凝土筑坝技术的发展。综观全世界碾压混凝土筑坝技术的发展状况，我国已处于国际先进水平。2007年底，中国已建和在建 RCC 坝就达到世界之最，分别为117座和15座，2010年左右，世界上高于200m的碾压混凝土坝龙滩及光照已经竣工。

随着碾压混凝土筑坝技术的发展，国内建坝区域也从气候温和地区向寒冷、严寒地区拓展，环境条件越来越恶劣。而在严寒地区修建的碾压混凝土重力坝，混凝土开裂问题比较普遍，引起参建各方的高度重视。

辽宁观音阁碾压混凝土坝是我国采用日本 RCD 技术在北方严寒地区修建的第一座碾压混凝土高坝。截至 2016 年，我国在严寒（寒冷）地区已建及在建的碾压混凝土坝共计 18 座，其中，重力坝 15 座。各坝的坝高、坝型、防渗结构、修建年份及所在地区的气温特征值见表 1-1。

表 1-1　　　　我国在严寒（寒冷）地区已建及在建的碾压混凝土坝

大坝名称	所在省份	多年平均气温（℃）	1 月份平均气温（℃）	极端最低气温（℃）	建成时间	坝型	最大坝高（m）	混凝土体积（万 m³）	防渗结构
观音阁	辽宁	6.2	−14.3	−37.9	1995	重力坝	82.0	124.0	金包银
松月	辽宁	4.8	−13.8		1999	重力坝	31.1		金包银
满台城	吉林	3.9	−15.1		2001	重力坝	37.0		金包银
和龙	吉林	4.9			2002	重力坝	30.0		金包银
白石	辽宁	7.8	−11.0	−37.0	2001	重力坝	50.3	11.1	金包银
玉石	辽宁				2002	重力坝	50.2		金包银
阎王鼻子	辽宁	8.4	−10.7	−31.1	1999	重力坝	34.5		金包银
温泉堡	河北	10.0		−24.3	1995	拱坝	48.0		土工膜＋RCC
桃林口	河北	9.7	−7.4	−29.2	1998	重力坝	74.5	58.5	金包银
龙首	甘肃	8.5		−33.0	2001	拱坝	81.0	19.0	RCC
石门子	新疆	4.1		−31.5	2002	拱坝	110.0	21.1	RCC
特克斯山口	新疆	8.8	−6.8		2008	重力坝	51.0	45.0	RCC
冲乎尔	新疆	2.6	−17.3	−45.0	2009	重力坝	75.0		RCC
KLSK	新疆	2.8	−49.8	−49.8	2010	重力坝	121.5	283.0	RCC
呼蓄下库拦河坝	内蒙古	6.3	−12.2	−32.8	2013	重力坝	73	26.2	金包银
呼蓄下库拦沙坝	内蒙古	6.3	−12.2	−32.8	2013	重力坝	58	17.6	金包银
奋斗大坝	黑龙江			−40.0	在建	重力坝	45.9	28.7	金包银
丰满大坝	吉林	4.9	−19.8	−42.5	在建	重力坝	94.5	195.9	RCC

2001 年以前，我国寒冷地区修建的碾压混凝土坝主要分布在东北地区，如观音阁、松月、满台城、和龙、白石等；2001 年以后，则主要分布在西北地区，特别是新疆地区，如龙首、石门子、特克斯山口、喀腊塑克、冲乎儿、呼蓄拦河坝、拦沙坝等。目前吉林丰满（重建）和奋斗水库大坝已完建，在建的有海南迈湾水利枢纽、四川长拉水电站、青海黄藏寺水利枢纽、四川亭子口水库大坝等。

第二节 严寒地区碾压混凝土重力坝的温度裂缝

根据我国相关规范的有关规定：当地最冷月平均气温低于-10℃为严寒地区，-10～-3℃为寒冷地区[20]。

严寒地区气候恶劣，主要表现为：年平均气温低，气温年变幅大，昼夜温差明显，全年寒潮频繁。冬季寒冷漫长，风力强劲；夏季炎热干燥，太阳辐射热强。国内外严寒地区修建的碾压混凝土坝90%以上为重力坝，主要是因为重力坝具有安全可靠、结构作用明确、施工方便、耐久性好的特点。但由于重力坝体积庞大，坝块顺水流方向尺寸长，同时碾压混凝土通仓浇筑、不设纵缝，因此，在外界严酷气候条件的作用下，大坝极易产生温度裂缝。

美国的上静水坝，采用富胶凝材料，不设横缝，利用夏季的5个月时间进行施工，浇筑时控制混凝土的最高浇筑温度为10℃，未采取其他温控措施。施工期间的一次寒潮中，坝体出现了16条裂缝，平均间距为35m。1991年7月14日水库蓄水后5d，在廊道内观测到坝身渗漏量为52L/s，库满后发现有3条渗漏量较大的裂缝，总渗漏量达107L/s，在沿坝长的两个三分点有2条较大的裂缝，在廊道处观测到的最大裂缝宽度为6.4mm。共出现23条较大裂缝，其中，有17条贯穿性裂缝，成为主要的渗漏通道。

日本的玉川碾压混凝土坝于1987年建成，坝高100m，地处严寒地区。施工期间采取的温度控制措施是：采用中热水泥，限制水泥使用量，配合比中水泥用量为91kg/m³，掺粉煤灰39kg/m³；夏季采用4℃冷水拌和、仓面喷雾养护等降温措施；在秋末即对外露表面进行保温，以减少内外温差，防止寒潮引起混凝土裂缝。但即使采取了上述温控措施，该坝上、下游坝面和几个越冬面仍然产生了比较严重的劈头裂缝和水平裂缝。

观音阁碾压混凝土坝采用日本的RCD技术修建，大坝最大坝高82m，碾压混凝土体积124万m³，是当时世界上规模最大、碾压混凝土方量最多的工程。碾压混凝土设计指标为：抗压强度为R_{90}150MPa，抗渗S_{28}2，抗冻D_{90}50，胶凝材料总量为130kg/m³，其中，粉煤灰掺量30%，砂率28%，单位用水量75kg/m³。主体工程大坝混凝土于1990年5月开始浇筑，1995年完成浇筑。施工过程中，设计允许浇筑温度为13.3～21.1℃，最高温度限制在30～35℃以内；春、秋季防寒潮保温要求等效放热系数≤4.2kJ/(m²·h·℃)，越冬保温防护要求等效放热系数≤1.197kJ/(m²·h·℃)。另外，对1990年浇筑的15

万 m³ 基础盖板混凝土，越冬时采用蓄水方式进行保温，对于大坝上、下游面以及越冬水平面采用内贴 3cm、5cm、12cm、17cm 的单层或双层聚苯乙烯泡沫板，并辅以草帘子、聚苯乙烯防水篷布进行严格保温。

但是，即使采取了如此严格的温控措施，观音阁大坝还是出现了众多裂缝。大坝自施工以来，每年均有裂缝发生，共计 326 条，其中，上游面 53 条，除 2 条裂缝外，其余裂缝均为水平施工缝，裂缝主要集中在 1991～1994 年三越冬结合面及其上、下 0.75m 范围内，缝长短不等，有部分缝长几乎达到整个坝段，233m 高程的越冬水平缝贯穿了 42 个坝段，缝宽 0.2～3mm，最大缝深达 6.0m。下游坝面出现裂缝 79 条，其中，水平缝 60 条，竖直缝 19 条；坝内出现裂缝 194 条，包括 13、14 号坝段放水底孔产生的 11 条裂缝（其中，1 条呈"口"字形）。

白石大坝采用的配合比为单方水泥用量 66kg/m³，胶凝材料总量为 177kg/m³，单位用水量为 70kg/m³，砂率为 30%。白石大坝在观音阁大坝温控防裂经验与教训的基础上，严格控制混凝土的浇筑温度，通过计算，对坝体不同部位采取针对性的保温方案，并且在越冬水平面及溢流面反弧段设置诱导缝释放温度应力。白石大坝在河床坝段基础固结灌浆盖板处出现了较多裂缝，17～23 号坝段为底孔坝段，10～16 号为溢流坝段，其盖板在越冬前浇筑完成，越冬期间采用蓄水 2～3m 的方案保温，开春后发现每个底孔及溢流坝段盖板中间部位出现 2 条平行于坝轴线的贯穿裂缝；24～26 号为引水及电站坝段，越冬后每个坝段盖板中间部位出现 1 条平行于坝轴线的贯穿裂缝。

玉石水库位于辽宁碧流河上游，最大坝高 50.2m，共有 15 个坝段组成。大坝施工时采用的配合比为单方水泥用量 70kg/m³，胶凝材料总量为 140kg/m³，单位用水量为 90kg/m³，砂率为 30%。2000 年 4 月，在 6 号坝段中部发现有 1 条劈头裂缝，该裂缝在坝体上游面自 1999 年越冬水平面以下至基础，且深度较深，从上游面裂至廊道内部 1.0m。

阎王鼻子水库位于辽宁西部朝阳市上游 25km 处的大凌河干流上。大坝施工时实际的出机口温度及浇筑温度见表 1-2。夏季施工时采用薄层流水方式进

表 1-2　　　　　阎王鼻子大坝施工期混凝土出机口温度及浇筑温度

各阶段统计值	混凝土出机口温度（℃）			混凝土浇筑温度（℃）			28d 混凝土实测温度（℃）		
	最大	最小	平均值	最大	最小	平均值	最大	最小	平均值
1997 年	27.5	5.0	18.5	29.0	6.0	19.5	35.6	24.7	31.0
1998 年	28.0	5.5	21.0	30.0	6.0	20.8	34.7	23.6	29.4

行降温。混凝土冬季保温设计要求施工期间表面温度不低于0℃。按这一要求，混凝土冬季保温主要采取了地下水保温、岩棉覆盖保温、土保温、塑料苫布临时覆盖等几项措施。

1998年3月中旬，在10号坝段上游面发现3条竖向劈头裂缝，溢流坝段越冬面上游新老混凝土结合部位出现了水平裂缝，17号坝段右侧立面出现长度20多米的竖向裂缝，溢流面反弧段出现平行于坝轴线的水平裂缝，裂缝宽度约0.25mm。

松月大坝和满台城大坝建成后不久越冬水平面即开裂，且开裂深度较深，有些坝段从上游至下游贯通，导致大坝下游坡面出现大面积渗流，在冬季坡面渗流形成大面积冰弧，对大坝的安全性和耐久性造成较大影响，另外，松月大坝在建成后上游面还出现了6条劈头裂缝。

河北桃林口碾压混凝土重力坝于1998年完工，最大坝高74.5m，采用"金包银"结构，其中，碾压混凝土58.54万m³。坝体混凝土胶凝材料用量为155kg/m³，其中，水泥70kg/m³，占45.2%。该坝设计采用的碾压混凝土允许拉应力为1.02MPa，采用的温控防裂措施为：4℃冰水拌和混凝土，并在上游面设置10cm厚聚苯乙烯板进行保温。2000年9～12月检测时，在大坝上游面发现45条裂缝，最大缝宽2.5mm。裂缝基本为竖直缝，分布在坝段宽度的1/3或1/2处，表面较宽的裂缝基本贯穿了坝体上游的常态混凝土防渗层。

特克斯河山口碾压混凝土重力坝位于新疆伊犁河支流特克斯河下游，最大坝高51m。大坝所在区域属大陆性气候，表现为干燥少雨，昼夜温差大，夏季炎热，冬季严寒，多年平均气温8.8℃。大坝采用二级配加变态混凝土防渗方案，二级配混凝土水胶比0.45，水泥用量97.8kg/m³，胶凝材料总量为195.6g/m³，单位用水量为88kg/m³，砂率为32%；三级配混凝土水胶比0.53，水泥用量59.6kg/m³，胶凝材料总量为149g/m³，单位用水量为79kg/m³，砂率为29%。施工期间，6、7、8月份高温季节控制混凝土入仓温度不超过22℃，并且采取仓面喷雾、表面流水等方式进行养护。对坝体上、下游面喷涂5cm厚聚氨酯进行永久保温，每年冬季，对越冬水平面采取10cm厚苯板和1.2m厚覆土进行保温。在采取上述措施后，山口大坝的越冬水平面仍然出现了水平裂缝，裂缝深度约6.0m。

布尔津河冲乎尔大坝位于新疆阿勒泰地区布尔津县境内，地处严寒地区，多年平均气温为2.6℃，冬季极端最低气温可达到－45℃。大坝为碾压混凝土重力坝，全长545m，最大坝高71m，共分29个坝段，采用永久横缝，平均间距 20m，大坝于 2007 年开工，2009 年建成。施工过程中，二级配混凝土水胶比 0.48，水泥用量 88.5kg/m³，胶凝材料总量为 177kg/m³，单位用水量为 85kg/m³，砂率为 29%；三级配混凝土水胶比 0.48，水泥用量 60kg/m³，胶凝材料总量为 150kg/m³，单位用水量为 72kg/m³，砂率为 23%。施工过程中，大坝采取了严格的温控措施，如控制夏季浇筑温度不超过 20℃，仓面喷雾，布设冷却水管降温，大坝上、下游面采取喷涂 5cm 厚聚氨酯进行永久保温，大坝越冬面采取喷涂 5cm 厚聚氨酯进行越冬保温等。虽然采取了较严格的温控措施，但大坝施工期及建成后仍出现了一定数量的裂缝：2007 年越冬时基础固结灌浆盖板出现纵向裂缝，16 号泄洪底孔坝段左孔出现 7 条裂缝，右孔出现 5 条裂缝，裂缝垂直于水流方向，且裂缝向下延伸到三级配碾压混凝土，导致底孔过水时上游基础灌浆廊道渗水量较大；溢流面反弧段出现了平行于坝轴线的裂缝；大坝 6～9 号 4 个发电引水坝段越冬水平面裂缝张开，下游面出现渗水现象，冬季下游坡面大量挂冰。另外，大坝上、下游面还出现了劈头裂缝及水平施工缝，且部分裂缝有渗水现象。

第三节　碾压混凝土坝温度应力研究发展概况

在碾压混凝土坝发展的初期，一般认为碾压混凝土胶凝材料用量少，且仓面大、层面散热较快，因此，国内外对碾压混凝土坝的温度和应力控制问题关注不多，直到国外早期修建的碾压混凝土重力坝出现了相当多的裂缝，其温度应力及防裂问题才引起学术界和工程界的重视。对大坝温度场和应力场的研究始于 20 世纪 30 年代美国胡佛坝的修建。美国加州大学的威尔逊（Wilson）教授在 1968 年研制出第一个大体积混凝土温度及徐变应力场二维有限元程序 DOT-DICE。1985 年，S. B. Tatro 和 E. K. Schrader 在 ACI 会刊上发表了他们对柳溪坝温度场一维有限元分析成果，成为碾压混凝土坝温度场有限元分析的第一份文献。20 世纪 90 年代后，美国学者们开始研究大体积混凝土结构温度场和徐变应力场的三维有限元计算问题。1992 年 2 月，巴瑞特等人的论文介绍了三维温度应力分析软件 ANACAP，该软件可模拟施工期混凝土结构逐层浇筑的温度场和应力场，并考虑了温度、龄期、弹模、徐变、干缩、坝体蓄水、渗流等因素对温度应力的影响。

日本最初采用约束系数法研究碾压混凝土坝温度应力，但只重视外部约束而忽视内部约束。后来日本学者 Hirose 提出了"H/L"理论，认为两类约束都应该给予重视，并在约束系数法的基础上提出了约束矩阵法，成为日本通用的碾压混凝土坝温度应力分析方法。20 世纪 90 年代，日本研究成功采用精度较高监测仪器获取混凝土温度和应力计算所需的热力学参数，从而使其混凝土温度徐变应力计算分析研究在当时居于世界前列。

我国在碾压混凝土温度场和徐变应力场方面的研究自 20 世纪 90 年代开始，依托近 30 年来修建的大量碾压混凝土大坝，这方面的研究发展迅速，目前已处于世界先进水平。朱伯芳和董福品的研究发现：由于水化热散热推迟、层面覆盖快、通仓浇筑块尺寸大、本身徐变度小、抗裂能力低等原因，碾压混凝土坝仍然存在温控防裂问题，这是国内对碾压混凝土温度应力在认识上的第一次飞跃。另外，由于碾压混凝土重力坝通仓浇筑后尺寸较大，坝体内部降温历时十几年甚至几十年，在年温差、寒潮、日温差的作用下，坝体上、下游面很容易出现水平和铅直裂缝。

事实上，碾压混凝土坝坝体内部混凝土降至稳定温度非常缓慢，在计算碾压混凝土坝温度应力时，应通过仿真计算手段模拟坝的施工过程，同时考虑各种荷载的影响。这是人们对碾压混凝土重力坝温度应力问题在认识上的一次深化。

仿真计算的含义如下：① 完全模拟混凝土分层施工的实际过程，从浇筑第一方混凝土开始，经过施工和运行，到坝体完全冷却达到稳定温度状态结束计算；② 荷载包括温度、水压力和自重，均用增量法计算；③ 边界条件，包括气温、水温、表面放热系数及上下游水位变化，均模拟实际情况；④混凝土材料热学、力学参数及变形性能随龄期变化。

碾压混凝土坝仿真计算一般包含两方面内容：温度场仿真计算及温度徐变应力的仿真计算。国内外学者在早期就掌握了温度场的计算方法，但温度徐变应力场的仿真计算发展较慢，主要是由于混凝土徐变与历史应力有关，早期的计算过程中必须记录应力历史，需要存储的数据量太大，使仿真计算难以实现。辛格维茨（O. C. Zienkiewicz）在 1966 年提出的等时段徐变应力分析显式解法创造性地解决了这一问题，他采用指数函数表示徐变度，并通过递推推导，只需储存上一步的应力历史，从而大大减少了计算机的存储量，使大体积混凝土温度徐变应力的仿真计算成为可能。朱伯芳在此基础上于 1982 年给出了不等时段隐式解法[50]，考虑了大坝结构的非均质性以及材料参数的时间依赖性，按混凝土徐变度方程计算温度应力。它既能有效地节省存储空间，也能考虑时间步长的变化，为大体积混凝土结构的仿真计算奠定了基础。基于上述理论基础，朱伯芳和他人合作，于 1972 年成功编制了我国第一个不稳定温度场和温度徐变应力场有限元计算程序。

1986 年国家"七五"重点科技攻关中，在"高混凝土坝技术研究"中列入了"碾压混凝土筑坝技术在大型主体工程中的应用"专题，该项科研依托铜街子水电站大坝工程进行，对碾压混凝土坝不稳定温度场和徐变应力场采用二维有限元分析。在"七五"攻关的基础上，于国家"八五"重点科技攻关中，又对普定、龙滩碾压混凝土坝在坝体设计、筑坝材料、施工工艺方面进行了重点研究，并且对大坝的温度场及应力场进行了仿真计算。"九五"国家重点科技攻关项目"碾压混凝土高坝筑坝技术研究"中，以龙滩重力坝为依托进行碾压混凝土坝温度应力分析，采用室内试验、现场试验研究与分析计算相结合的方法，对有限元仿真计算分析方法进行了验证。

经过"七五"至"九五"的科技攻关，伴随着计算机硬件性能和国内碾压混凝土筑坝技术的提高，我国碾压混凝土坝温度场及徐变应力场的仿真计算得到了快速发展。《混凝土重力坝设计规范》（NB/T 35026—2014）规定：对中、高坝应针对碾压混凝土坝薄层、通仓、快速上升的特点，通过坝体温度场和徐变应力场的有限元仿真计算，进行温控防裂设计。中国水利水电科学研究院、清华大学、河海大学、天津大学、大连理工大学等国内的高校、科研院所都针对此问题开展了攻关研究，取得了一批卓有成效的成果。为了提高仿真计算精度，朱伯芳提出了仿真分析的并层算法、不稳定温度场和徐变应力场的分区异步长算法，朱岳明提出了浮动网格法。姜弘道、傅作新、陈里红完成的计算程序首次在温度应力分析中考虑了混凝土的软化性能。在工程应用上，对中、高碾压混凝土坝，如龙滩、光照、百色、江垭、普定、沙牌、景洪、棉花滩、白石、温泉堡、龙首、石门子、特克斯山口等，进行温度场及徐变应力场二维或三维仿真计算。

第四节 碾压混凝土坝防裂措施及其数值模拟

根据国内外的工程实践，对碾压混凝土坝主要从改善混凝土本身抗裂性能、施工温控措施、结构措施三个方面进行防裂。

一、改善混凝土抗裂性能

改善混凝土抗裂性能的措施主要是优化混凝土配合比，包括采用优质减水剂、掺用混合材料、采用低热水泥及改善自生体积变形。前两种措施的主要目的是降低水泥用量和用水量，减少混凝土绝热温升，从而达到削减温度应力的目的。同时优化混凝土配合比，还能提高混凝土本身的抗拉强度及极限拉伸变形。

采用低热水泥拌制的混凝土具有早期发热量低、温升缓慢、后期抗拉强度高、总体绝热温升低的特点，可以延长混凝土温升时段，使升温时段累积的压应力较大，有效抵减后期降温时产生的拉应力，加之本身后期抗拉强度较高，可大大减少温度裂缝的产生。

改善自身体积变形，目前应用较多的是氧化镁混凝土筑坝技术。掺加氧化镁筑坝技术是通过内掺法（在水泥生产时掺加）或外掺法（在拌制混凝土时掺加）加入一定比例的氧化镁，使拌制出的混凝土在后期能产生膨胀性自生体积变形，补偿温度降低时混凝土的收缩，减小温度应力，达到抗裂目的。

氧化镁混凝土对裂缝的抑制作用是吉林白山大坝工程发现的。白山大坝总体裂缝数量很少，经研究，发现大坝采用的抚顺水泥含有 4% 左右的氧化镁，且混凝土在降温阶段产生了膨胀型自生体积变形，抵消了温降收缩，消减了温度应力。受白山大坝混凝土膨胀现象的启发，国内专家开始着手研究氧化镁混凝土筑坝技术。王成山、刘立研究了氧化镁的安定掺量，对氧化镁的含量进行了初步研究，以防止过度膨胀导致坝体结构受损。李鹏辉、李红彦研究了氧化镁混凝土自生体积变形的温度效应，发现外掺氧化镁碾压混凝土自生体积变形量及变形速率受温度影响显著。王述银研究了不同级配碾压混凝土掺氧化镁的膨胀量，认为二级配碾压混凝土的膨胀量稍大于三级配碾压混凝土的膨胀量，其原因是二级配混凝土胶凝材料用量较高，同时骨料用量减少。李承木总结了氧化镁混凝土自生体积变形的长期变化规律，认为外掺氧化镁混凝土再生体积的长期膨胀变形是趋于稳定的，不会产生二次性膨胀。

丁宝瑛、岳跃真研究了考虑氧化镁自生体积膨胀变形的有限元数值模拟方法，胡平、杨萍探讨了大坝混凝土掺氧化镁后温度徐变应力的变化规律，建立了考虑温度历时效应的氧化镁微膨胀混凝土仿真计算方法，计算中考虑了温度对混凝土自生体积变形的影响，严格按照混凝土龄期和温度场的分布状况，选取与之相对应的自生体积变形增量。胡平、杨萍对某高碾压混凝土坝氧化镁微膨胀混凝土的仿真计算结论认为：在大坝混凝土内部掺氧化镁产生膨胀性变形能够补偿混凝土收缩产生的温度应力，但是必须加强表面混凝土的保温和养护，否则可能会起反作用，导致混凝土表面裂缝。

经过多年的室内试验研究，氧化镁混凝土逐渐形成了成熟的施工工艺，并开始应用于碾压混凝土工程。1991 年氧化镁混凝土应用于普定碾压混凝土拱坝的基础垫层及导流洞，1999 年应用于沙牌拱坝的基础垫层及垫座，2000 年石门子和龙首碾压混凝土全坝采用了氧化镁混凝土筑坝技术，2003 年索风营碾压混凝土重力坝施工也采用了氧化镁混凝土。

二、施工温控措施

碾压混凝土坝在施工过程中通常采用温度控制措施控制出机口温度、浇筑温度、仓面喷雾、表面流水、水管冷却、表面保温等。浇筑温度、仓面喷雾及表面流水在碾压混凝土温度场仿真计算中比较容易实现，比较复杂的是水管冷却和表面保温的数值模拟。

（一）混凝土的水管冷却

在坝体内部铺设冷却水管的目的有二：一是在浇筑早期通冷却水控制混凝土的最高温度；二是在特殊时段对特殊区域通水控制内、外温差，两者分别称为一期冷却和二期冷却，是效消减坝体混凝土温度应力行之有效的措施。铺设冷却水管进行坝体冷却最初是从美国垦务局在 20 世纪 30 年代初修建欧瓦希（Owyhee）拱坝和胡佛（Hoover）开始的，我国在 20 世纪 50 年代开始应用水管冷却，20 世纪 80 年代修建二滩工程中开始大规模应用，效果良好。

一期冷却和二期冷却计算的区别在于是否考虑周围混凝土存在热源，因此计算方法上有所不同。美国垦务局用分离变量法得到了用于计算二期冷却效果的无热源问题的近似解答。朱伯芳用积分变换得到了用于计算一期冷却效果的有热源平面问题的严格解答和空间问题的近似解答。另外，朱伯芳给出了考虑水管冷却效果的等效热传导方程以及金属水管和非金属水管冷却的有限元分析方法。丁宝瑛、董福品分别对水管冷却的通水温差、通水时间等进行了研究。

在有限元计算过程中，为了模拟冷却水在沿程流动过程中温度逐渐升高的现象，朱伯芳曾提出用迭代算法模拟水温沿程升高现象，朱岳明、徐之青在朱伯芳提出的迭代方法的基础上，根据水管中水与混凝土之间的热量平衡原理，按照三维问题比较精确计算了带有冷却水管的混凝土温度场。刘有志采用现场实验与数值反馈计算相结合的思路，对周公宅拱坝现场 PE 水管（高强度聚乙烯塑料管）的冷却效果及边界条件进行了研究。研究结果认为，PE 水管冷却效果与铁管冷却效果存在明显差异，水管冷却温度场的计算中，PE 水管边界应视为第三类边界，其冷却效果可通过"等效表面散热系数"来体现。

用有限元法计算水管冷却效果，目前主要的方法为等效热传导方程近似法及模拟水管走向及与周围混凝土热量交换的精细算法。等效热传导方程近似法是在平均意义上考虑水管冷却的效果，虽然是一种近似算法，但可满足工程要求；精细算法必须沿水管走向布置密集的网格，在实际模拟大坝施工时因为计算机内存的限制往往应用不多。目前大型混凝土坝温控计算中主要采用冷却水管等效热传导方程近似方法。

（二）混凝土的表面保温

温度变化是导致混凝土坝表面裂缝的一个主要因素，大坝表面保温的主要作用是控制坝面附近混凝土内、外温差，减小温度梯度，从而防止表面裂缝的产生。在实际施工过程中，大坝的表面保温包含临时保温、越冬保温和永久保温。临时保温的目的是消减施工期寒潮对表面混凝土的影响；越冬保温是在越冬期间蓄热保温、控制新老混凝土上、下层温差的主要措施；永久保温是消减气温年变化在大坝表面产生较大内、外温差的主要措施，目的是防止运行期出现表面裂缝。

关于大坝表面保温材料，美国从 20 世纪 50 年代就已研究过泡沫塑料板、厚纸板、砂层、泡沫塑料板加聚氯乙烯薄膜、两层厚模板中填刨花隔热材料等。挪威严寒地区的一些薄拱坝，采用钢筋混凝土做一道保温墙通过短支撑固定在下游坝面，与下游面形成夹层，利用夹层内不流动的空气以及电加温空气方式对坝面进行保温。在 20 世纪 80 年代以前，我国主要采用草袋、草帘、木丝板、水泥膨胀珍珠岩等作为保温材料，但这些保温材料耐久性较差，长期保温效果不佳。随着塑料工业的发展，近年来泡沫塑料板开始应用到大坝表面保温，目前应用较多的有 3 种，即聚苯乙烯泡沫板、聚氨酯泡沫涂层和聚乙烯泡沫被。2000 年以前，国内坝面保温多采用聚苯乙烯泡沫塑料硬质板，分为外贴法和内贴法两种，典型工程为汾河二库碾压混凝土坝上游面保温。2000 年左右，国内工程界开始应用喷涂发泡聚氨酯保温，典型工程为新疆石门子拱坝上、下游表面。2010 年以后，坝面永久保温开始大面积采用喷涂发泡聚氨酯。而聚乙烯泡沫塑料富有柔性，延伸率为 $110\% \sim 255\%$，具有一定的吸水率，工程上一般用作临时保温。

根据以往的实践经验，工程界在实施保温过程中，往往只重视施工期保温，而忽略运行期保温。朱伯芳经过研究认为：由于长期降温作用，在施工期防裂效果良好的坝，在运行期仍可能出现危害性较大的深层裂缝。而要防止运行期大坝裂缝，必须采用永久保温措施。朱伯芳提出了几种永久保温防渗板的型式，实际是在上述聚乙烯保温板上涂抹聚合物砂浆、水泥砂浆或加预制板保护，以防止保温板老化、脱落，达到其永久保温的目的。

目前在模拟保温板对混凝土保温效果时，传统的方法是采取等效表面散热系数来进行计算：

$$\beta_s = \frac{1}{1/\beta + \sum h_i/\lambda_i} \tag{1-1}$$

张国新进一步研究了带有保温材料混凝土温度场的计算，提出了以导热系数为基本参数的温度场有限元算法，可解决多层复合材料保温的温度场计算问题。

三、结构措施

在结构措施防止大坝裂缝方面，通常采用设置构造缝来控制温度裂缝，横缝和诱导缝都属于构造缝，诱导缝的构造和受力更为复杂。诱导缝是在坝体高应力区人为设置一些间断裂缝，此类裂缝可受压、受剪，但是一旦受拉会开裂，从而达到释放高应力区应力，保护其他部位混凝土不开裂的目的。碾压混凝土坝中诱导缝的构成一般是在设缝断面按一定规律埋设诱导板，按诱导板的不同布置方式大致可分为单向间隔诱导缝和双向间隔诱导缝。

国外关于碾压混凝土诱导缝的研究相对较少，主要是工程应用方面的介绍，如南非的 Knellpoort 碾压混凝土重力拱坝。国内在诱导缝作用机理和合理布置问题上的研究比较深入。曾昭扬、赵国藩和宋玉普、张小刚等分别研究了诱导缝计算模型、计算方法以及有效作用范围等问题。另外，曾昭扬还采用断裂力学理论研究了诱导缝开裂的数值模拟及预测；周伟应用钝裂缝带模型预测彭水大坝的开裂深度，并对万家口子拱坝诱导缝设置进行了研究，分析了诱导缝设置的利弊。

诱导缝早期主要应用于碾压混凝土拱坝，如南非的 Knellpoort 与 Wolwedans 碾压混凝土重力拱坝，我国修建的石门子、普定、温泉堡、沙牌、龙首等拱坝也都采取了诱导缝防裂的形式。近年来，诱导缝开始应用于严寒地区碾压混凝土重力坝。国外修建的哥伦比亚波尔塞Ⅱ碾压混凝土重力坝、印度尼西亚巴拉姆巴诺碾压混凝土重力坝、南非诺伊斯伯格碾压混凝土溢流重力坝等采用了诱导缝结构，分别是通过镀锌钢板嵌缝、外裹塑料布钢板嵌缝、塑料板嵌缝诱导缝成缝，工程运行实践表明，诱导缝具有一定的防裂作用。白石碾压混凝土重力坝也在越冬水平面上、下游侧附近分别设置 1.0m 深及 3.0m 深的水平诱导缝，如图 1-1 所示，在溢流坝堰面反弧段设表面纵向诱导缝。在采取诱导缝措施后，白石大坝越冬水平面及溢流面反弧段裂缝控制较好。

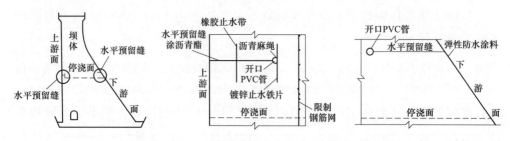

图 1-1　白石大坝挡水坝段上、下游面诱导缝布置图

第五节　碾压混凝土坝施工反馈分析

碾压混凝土大坝施工过程中，与设计阶段相比，其初始条件、边界条件、碾压层厚以及温控措施、混凝土浇筑计划均有所不同，混凝土原材料、配合比、蓄水情况时有变化，在这种情况下，为了得到大坝已完工部分较精确的温度场和应力场，并预测后续施工过程中的温度和应力发展，必须进行碾压混凝土坝温度场及应力场的施工反馈分析。近年来，国内在这方面的研究方兴未艾，其基本思路是：利用现场的实际监测资料，通过反演分析，得到比较客观、准确的混凝土热学参数及力学参数，在此基础上，通过仿真计算，获得已完工坝体部分混凝土温度场及应力场，并预测后续施工过程中新、老混凝土的温度场应力，重新调整温控措施和温度控制指标，评价混凝土抗裂安全性，及时反馈设计、指导施工，保证大坝混凝土的抗裂安全。

一、混凝土热学参数反演

在工程应用中，混凝土热学参数反演分析主要采用反演方法的正算法，即将有限元仿真计算和数学优化方法结合起来，使计算值和实测值之差最小。目前，数学优化方法较多，包括可变多面体搜索法、复合形法、可变容差法等。黎军系统研究了这三种方法，并结合实际工程对这 3 种方法进行了比较。李杨波利用复合形法反演了景洪水电站右岸坝段的热学参数；刘宁、张剑结合随机温度场的计算方法进行了随机温度场热学参数反演方法的研究。

近年来，人工神经网络反馈模型、遗传算法等开始应用于参数反演分析，为碾压混凝土热学反演分析提供了一条新途径。王成山采用人工神经网络反馈模型对某碾压混凝土坝热学参数进行反演，其思路是首先以热学参数作为输入样本进入程序，进行温度场有限元仿真计算，坝体测点处计算得到的最高温度及发生时间作为输出样本。基于上述样本对神经网络进行训练，使得神经网络的精度足够高。然后将测点最高温度测值和发生时间作为网络输入，通过神经网络反演出混凝土热学参数值。遗传算法是基于生物进化仿生学算法的一种，具体参数反演的实现过程包括编码、初始化过程、构造适应度函数、选择算子、交叉算子和变异算子等步骤。陈樊建、朱岳明利用遗传算法反演了某拱坝的热学参数，并得到了较满意的结果，所得的参数具有真实可靠性。

二、碾压混凝土坝的施工反馈分析

采用反演得到的比较客观、准确的热学参数，通过有限元计算实现碾压混凝土大坝施工过程温度场和应力场的实时仿真，进一步预测后续施工过程中坝体的温度及应力，评估坝体的开裂风险，调整施工现场浇筑进度、温控措施、温控指标等，对大坝施工期及运行期的防裂具有重要的现实意义，也是近年来兴起的研究热点之一，得到了工程界和学术界的高度重视。何光宇对淮安立交地涵进行了施工反馈分析，采用反演得到热学参数，通过仿真计算预测了立交地涵混凝土结构的温度场和应力场，评估了地涵混凝土的开裂风险。张群对拉西瓦拱坝进行了施工期热力学参数的反演计算，并对坝体的温度场和应力场进行了施工反馈分析。邱焕峰在 ANSYS 平台上进行二次开发，建立了一套快速、高效、自动化程度较高的仿真反馈分析系统用于模拟拱坝施工，对小湾拱坝温度场进行了施工反馈分析，得出了一些对工程有益的结论。

第六节 大坝施工三维仿真及可视化

水利和水电工程是非常复杂的系统工程，在工程施工过程中会产生海量信息数据，这些数据包括大坝每仓混凝土的浇筑信息、温控信息、温度场和应力场的实际监测数据、仿真计算数据等。为了对这些海量数据进行管理，同时对工程项目建立二维、动态、可视的虚拟仿真环境，用图形演示大坝的浇筑面貌、实际监测数据和有限元计算结果，就可以将用户的视野带入三维主体工程空间，并清晰了解关注部位的数据特征，对指导大坝的施工和编排施工计划具有重要的指导作用。这种技术涉及计算机图形学、图像处理、计算机辅助设计、计算机视觉以及人机交互技术等众多技术。

国外从 20 世纪 70 年代就开始研究大坝混凝土浇筑施工的计算机模拟，我国开始于 20 世纪 80 年代。朱光熙、袁光裕、刘则邹等分别对二滩水电站双曲拱坝和福建坑口水电站碾压混凝土坝建立施工过程模拟模型，并对施工过程进行了动态模拟。随后，大学院校、科研院所、设计院等开始大量开展这方面的施工模拟工作。

近年来，计算机仿真技术已广泛应用于大坝的浇筑模拟、进度论证、方案比较、机械配套优化等方面，天津大学、三峡开发总公司、成都勘测设计研究院等分别进行了龙滩和三峡大坝二期工程施工模拟过程，三峡二期工程中还对浇筑过程进行了三维动态模拟演示等。随着施工仿真技术的进一步发展，中国水利水中科学研究院、天津大学、成都勘测设计研究院、昆明勘测设计研究院等与建设单位等合作，在溪洛渡、向家坝、黄登等大型水利水电工程建设中，应用计算机仿真技术对大坝施工全过程进行了三维动态模拟。

第七节　严寒地区碾压混凝土重力坝防裂难点

随着碾压混凝土重力坝在国内的迅速发展，其分布区域已从亚热带、温带区域拓展到寒冷及严寒地区。而从工程实践来看，在严寒及寒冷地区修建的碾压混凝土重力坝，极易产生裂缝，防裂难度极大。综合来讲，严寒地区碾压混凝土重力坝的防裂难点主要来自材料本身特性、施工工艺、严寒地区气候特点3 个方面。

一、碾压混凝土材料导致的防裂难点

碾压混凝土一般掺用大量粉煤灰，与常规混凝土相比，虽然水泥用量少，绝热温升低，但同时极限拉伸变形低，混凝土徐变变形低，故抗裂能力一般较低，给温控防裂进一步增加了难度。

二、碾压混凝土重力坝施工工艺导致的防裂难点

碾压混凝土重力坝施工工艺带来的防裂难点主要体现在以下四个方面：

（1）基础固结灌浆盖板温度裂缝。碾压混凝土重力坝基础固结灌浆盖板浇筑块为高宽比较小的薄板结构（高宽比是指浇筑块高度与浇筑块长边之比），浇筑块受基岩的强约束作用，内部出现拉应力范围较大，容易产生贯穿性裂缝。另外，严寒地区寒潮频繁，而因为固结灌浆施工的干扰，盖板表面保温不能很好实施，一旦受到寒潮侵袭，盖板内、外温差迅速增大，极易产生表面及

贯穿性裂缝。

（2）快速浇筑。碾压混凝土施工过程中浇筑层上升速度快，施工中层面散热不多，由此造成的最高温度也比较高，降温时容易产生裂缝。

（3）通仓浇筑。碾压混凝土重力坝一般是通仓浇筑，不设置纵缝。由于通仓浇筑的混凝土块体尺寸较大，坝内温度降至稳定温度时，会经历几十年甚至上百年的时间，从而使基础温差、内外温差、上下层温差导致的温度应力发展及变化规律同柱状浇筑块有较大的差异，增加了防裂难度。

（4）分层碾压。碾压混凝土重力坝是分层浇筑的，碾压层面为上、下层混凝土的叠合层面，其内部存在许多不利于黏结的因素，本身抗拉强度较低，容易被拉裂，出现层面水平缝。由于碾压混凝土筑坝采用分层摊铺碾压的施工工艺，以往研究表明：水平施工缝抗拉强度只有整浇混凝土的41%～86%，缝面处更容易开裂形成水平裂缝。

三、严寒地区气候特点导致的防裂难点

我国北方严寒地区，其气候特点可以总结为"冷""热""风""干"。"冷"是指严寒地区年平均气温很低，冬季月平均气温在−10℃以下，且全年寒潮频繁；"热"是指夏季气温较高，夏季月平均气温往往在20℃左右，且太阳辐射强烈；"风"是指北方地区大风天气较多，风力强劲；"干"是指严寒地区春秋季气候干燥。这些气候特点对碾压混凝土重力坝的温控防裂极为不利：

（1）由于夏季气温较高，这个季节浇筑的混凝土最高温度较高，而受年平均气温影响坝体稳定温度却较低，从而导致大坝基础温差很大，容易在坝体中部产生基础贯穿性裂缝。

（2）由于冬季寒冷，全年寒潮频繁，容易在坝体表面混凝土产生较大温度梯度，引起较大的温度应力，产生表面裂缝且容易发展成为劈头裂缝。

（3）与气候温和地区全年施工不同，严寒地区大坝混凝土施工时，由于冬季气温很低，一般在11月至来年4月停工越冬，待来年日平均气温回升至5℃以上（一般在4月以后）时再浇筑新混凝土，这样在坝体内部存在几个越冬水平面。越冬水平面在越冬时受温度应力影响，容易产生平行坝轴线的裂缝；来年浇筑新混凝土时，由于新、老混凝土较大的上、下层温差，极易出现越冬水平缝。

（4）严寒地区空气干燥，混凝土浇筑初期容易产生干缩裂缝，并进而发展成为深层裂缝。

（5）严寒地区年内气温变幅较大，其中有些工程的年内气温最大变幅达80℃以上，对运行期坝体表面易造成较大的拉应力，从而产生裂缝或使已经发生的裂缝进一步发展。

四、严寒地区碾压混凝土重力坝温度裂缝及其危害

从国内已建工程出现的裂缝来看，北方严寒地区碾压混凝土重力坝出现的温度裂缝可归结为以下五类：①基础约束区长间歇面（包括基础固结灌浆盖板、越冬面）纵向裂缝（平行于坝轴线）；②上、下游坝面的竖向劈头裂缝；③溢流坝反弧段处出现的纵向裂缝；④底孔四周出现的环形裂缝；⑤越冬层面上、下游侧水平施工缝的开裂。

在上述五种裂缝中，①、③、④裂缝属于纵缝，且③、④两种裂缝受高速水流作用很可能发展成深层裂缝，对坝体的危害较大；②属于横缝，不但削弱了坝体的整体性，而且在缝内水压的劈裂作用下可能会进一步发展，当缝深达到一定深度时会引起严重的渗漏；⑤属于层间水平缝，它是北方严寒地区大坝因为越冬长间歇而导致的温度裂缝。越冬面水平缝会影响坝体的整体稳定性，严重时越冬水平面会从上、下游面向坝体内部扩展，有些工程甚至出现水沿越冬水平缝从上游渗透至下游的现象，冬季在下游坝面大面积挂冰，极大影响坝体的安全性和耐久性。

第二章

大体积混凝土温度场及
应力场计算理论及自编程序

热传导方程建立了物体温度与时间、空间的关系，但满足热传导方程的解有无限多，为了确定需要的温度场，还必须知道初始条件和边界条件。初始条件为在初始瞬时物体内部的温度分布规律，边界条件为混凝土表面与周围介质（如空气和水）之间温度相互作用的规律。大体积混凝土在浇筑后，其弹性模量的变化是与水化热的散发、温度场的变化同步进行的，并且温度应力的数值与弹性模量成正比，是影响大体积混凝土施工期温度应力的一个重要因素。

本章研究了大体积混凝土温度场和徐变应力场的有限元计算理论，编制了三维不稳定温度场及徐变应力场的仿真计算程序，计算程序中考虑了各种温控措施的数值模拟，并用典型算例对程序进行了验证。

第一节 混凝土热传导方程、 初始条件及边界条件

一、混凝土热传导方程

不稳定温度场热传导方程为：

$$\frac{\partial T}{\partial \tau} = \left[a \left(\frac{\partial^2 T}{\partial x^2} + \frac{\partial^2 T}{\partial y^2} + \frac{\partial^2 T}{\partial z^2} \right) \right] + \frac{\partial \theta}{\partial \tau} \tag{2-1}$$

式中　　a——导温系数，$a = \lambda / c\rho$；

　　　　T——绝对温度；

　　　　θ——混凝土的绝热温升；

　　　　τ——龄期；

x, y, z——均为空间位移方向。

二、初始条件

初始条件就是在初始时刻的温度场，即 $T(x, y, z, 0) = T_0(x, y, z)$。

三、边界条件

对于施工期混凝土不稳定温度场的计算，通常用到的边界条件主要有第一类边界条件、第二类边界条件及第三类边界条件。这三种边界条件分别表述为边界温度已知、边界热流量已知和边界热流量与外界气温之差成正比，具体见式（2-5）～式（2-7）。

$$T(\tau) = f(\tau) \tag{2-2}$$

$$-\lambda \frac{\partial T}{\partial n} = f(\tau) \tag{2-3}$$

式中：n 为表面外法线方向。若表面是绝热的，则有：

$$\frac{\partial T}{\partial n} = 0 \tag{2-4}$$

$$-\lambda \frac{\partial T}{\partial n} = \beta(T - T_a) \tag{2-5}$$

式中：β 为表面放热系数，$kJ/(m^2 \cdot d \cdot ℃)$。

第二节 计算温度场的变分原理

在采用有限单元法计算混凝土的温度场时，其基本思路是首先选择温度场合适的泛函，使这个泛函求极值推导得到的欧拉方程就是混凝土的热传导方程和相应边界条件。这样一来，使泛函取极值的温度场便为所求的温度场。

一、空间温度场泛函的欧拉方程

考虑泛函：

$$I(T) = \iiint_V F(T, T_x, T_y, T_z) \mathrm{d}x\mathrm{d}y\mathrm{d}z + \iint_C G(T)\mathrm{d}s \tag{2-6}$$

现假设 $T(x, y, z)$ 使得泛函取极小值，那么与 $T(x, y, z)$ 有微小差别的任意函数可写成：

$$\overline{T}(x, y, z) = T(x, y, z) + \varepsilon\eta(x, y, z) \tag{2-7}$$

式中：ε 为一小参数，因为给定的温度场 $T(x, y, z)$ 使泛函 I 取极小值，所以应有 $\dfrac{\mathrm{d}I}{\mathrm{d}\varepsilon} = 0$，可推导得出以下两式必须成立：

在区域 V 内：

$$\frac{\partial F}{\partial T} - \frac{\partial F_{T_x}}{\partial x} - \frac{\partial F_{T_y}}{\partial y} - \frac{\partial F_{T_z}}{\partial z} = 0 \tag{2-8}$$

在第三类边界 C 上：

$$\frac{\partial G}{\partial T} + F_{T_x}\cos(n,x) + F_{T_y}\cos(n,y) + F_{T_z}\cos(n,z) = 0 \tag{2-9}$$

以上两式就是式（2-9）空间变分问题的欧拉方程。

二、空间不稳定温度场的泛函

在式（2-6）中，取函数 F 和 G 如下：

$$F = \frac{1}{2}\left[\left(\frac{\partial T}{\partial x}\right)^2 + \left(\frac{\partial T}{\partial y}\right)^2 + \left(\frac{\partial T}{\partial z}\right)^2\right] - \frac{1}{a}\left(\frac{\partial \theta}{\partial \tau} - \frac{\partial T}{\partial \tau}\right)T$$

$$G = \frac{1}{2}\bar{\beta}T^2 - \bar{\beta}T_a T \tag{2-10}$$

式中：$\bar{\beta} = \dfrac{\beta}{\lambda}$。

代入式（2-6），得泛函如下：

$$I(T) = \iiint_V \left\{\frac{1}{2}\left[\left(\frac{\partial T}{\partial x}\right)^2 + \left(\frac{\partial T}{\partial y}\right)^2 + \left(\frac{\partial T}{\partial z}\right)^2\right] - \frac{1}{a}\left(\frac{\partial \theta}{\partial \tau} - \frac{\partial T}{\partial \tau}\right)\right\} \mathrm{d}x\mathrm{d}y\mathrm{d}z$$

$$+ \iint_C \left[\frac{1}{2}\bar{\beta}T^2 - \bar{\beta}T_a T\right]\mathrm{d}s \tag{2-11}$$

由上面的推导可知，使上式泛函取极小值的温度场 $T(x,y,z)$ 必满足欧拉方程式（2-11）及式（2-12）。把 F 和 G 代入这两式，得到：

在区域 V 内：

$$\frac{\partial F}{\partial T} - \frac{\partial F_{T_x}}{\partial x} - \frac{\partial F_{T_y}}{\partial y} - \frac{\partial F_{T_z}}{\partial z} = -\frac{1}{a}\left(\frac{\partial \theta}{\partial \tau} - \frac{\partial T}{\partial \tau}\right) - \frac{\partial^2 T}{\partial x^2} - \frac{\partial^2 T}{\partial y^2} - \frac{\partial^2 T}{\partial z^2} = 0$$

$$\tag{2-12}$$

在第三类边界 C 上：

$$\frac{\partial G}{\partial T} + F_{T_x}\cos(n,x) + F_{T_y}\cos(n,y) + F_{T_z}\cos(n,z)$$

$$= \bar{\beta}(T - T_a) + \cos(n,x)\frac{\partial T}{\partial x} + \cos(n,y)\frac{\partial T}{\partial y} + \cos(n,z)\frac{\partial T}{\partial z} = \bar{\beta}(T - T_a) + \frac{\partial T}{\partial n}$$

$$= 0 \tag{2-13}$$

三、不稳定温度场有限元计算的空间离散和时间离散

采用有限单元法计算空间区域的温度场，实际上是采用有限元—差分解法，即对空间域用有限元离散，对时间域用差分法差分。

（一）不稳定温度场有限元计算的空间离散

不稳定温度场的热传导方程为：

$$\frac{\partial T}{\partial \tau} = \left[a \left(\frac{\partial^2 T}{\partial x^2} + \frac{\partial^2 T}{\partial y^2} + \frac{\partial^2 T}{\partial z^2} \right) \right] + \frac{\partial \theta}{\partial \tau} \tag{2-14}$$

初始条件为: $\qquad\qquad\qquad T = T_0 \qquad\qquad\qquad\qquad\qquad$ (2-15)

第一类边界条件: $\qquad\qquad T = T_b \qquad\qquad\qquad\qquad\qquad$ (2-16)

第三类边界条件: $\qquad -\lambda \dfrac{\partial T}{\partial n} = \beta(T - T_a) \qquad\qquad$ (2-17)

求解上述热传导方程定解问题相当于对式（2-14）所示泛函求极小值，得到的不稳定温度场 $T(x, y, z, \tau)$ 即为上述定解问题的解。

把求解的空间区域划分为有限个单元，单元内任一点的温度用 8 结点温度（单元采用 8 结点等参单元）表示如下：

$$T^e(x, y, z, \tau) = \sum_{i=1}^{8} N_i(x, y, z) T_i(\tau) \tag{2-18}$$

因为空间任何一点的温度都可以用相应结点的温度来表示，对式（2-14）中的泛函在求解域内求极小值，则有：

$$\frac{\partial I(T)}{\partial T_i} = \sum_e \frac{\partial I^e(T)}{\partial T_i} = 0 \tag{2-19}$$

$$I^e(T) = \iiint_{\Delta V} \left\{ \frac{1}{2} \left[\left(\frac{\partial T}{\partial x} \right)^2 + \left(\frac{\partial T}{\partial y} \right)^2 + \left(\frac{\partial T}{\partial z} \right)^2 \right] - \frac{1}{a} \left(\frac{\partial \theta}{\partial \tau} - \frac{\partial T}{\partial \tau} \right) T \right\} \mathrm{d}x\,\mathrm{d}y\,\mathrm{d}z$$

$$+ \iint_{\Delta C} \left[\frac{1}{2} \overline{\beta} T^2 - \overline{\beta} T_a T \right] \mathrm{d}s \tag{2-20}$$

$$\frac{\partial T}{\partial \tau} = N_1 \frac{\partial T_1}{\partial \tau} + N_2 \frac{\partial T_2}{\partial \tau} + \cdots + N_8 \frac{\partial T_8}{\partial \tau} \tag{2-21}$$

进一步求得：

$$\frac{\partial I^e(T)}{\partial T_i} = (h_{i1}^e + g_{i1}^e) T_1 + (h_{i2}^e + g_{i2}^e) T_2 + \cdots + (h_{i8}^e + g_{i8}^e) T_8 + r_{i1}^e \frac{\partial T_1}{\partial \tau}$$

$$+ r_{i2}^e \frac{\partial T_2}{\partial \tau} + \cdots + r_{i8}^e \frac{\partial T_8}{\partial \tau} - f_i^e \frac{\partial \theta}{\partial \tau} - p_i^e T_a \tag{2-22}$$

其中：

$$\left.\begin{aligned}
h_{ij}^e &= \iiint_{\Delta V} \left(\frac{\partial N_i}{\partial x} \frac{\partial N_j}{\partial x} + \frac{\partial N_i}{\partial y} \frac{\partial N_j}{\partial y} + \frac{\partial N_i}{\partial z} \frac{\partial N_j}{\partial z} \right) \mathrm{d}x\,\mathrm{d}y\,\mathrm{d}z \\[2mm]
r_{ij}^e &= \frac{1}{a} \iiint_{\Delta V} N_i N_j \,\mathrm{d}x\,\mathrm{d}y\,\mathrm{d}z \\[2mm]
f_i^e &= \frac{1}{a} \iiint_{\Delta V} N_i \,\mathrm{d}x\,\mathrm{d}y\,\mathrm{d}z \\[2mm]
g_{ij}^e &= \overline{\beta} \iint_{\Delta C} N_i N_j \,\mathrm{d}s \\[2mm]
p_i^e &= \overline{\beta} \iint_{\Delta C} N_i \,\mathrm{d}s
\end{aligned}\right\} \tag{2-23}$$

把式（2-23）代入式（2-22）中，得到：

$$[H]\{T\} + [R]\left\{\frac{\partial T}{\partial \tau}\right\} = \{F\} \tag{2-24}$$

式中 $[H]$、$[R]$、$\{F\}$ 的元素如下：

$$\left.\begin{aligned} H_{ij} &= \sum_e (h_{ij}^e + g_{ij}^e) \\ R_{ij} &= \sum_e r_{ij}^e \\ F_i &= \sum_e \left(f_i^e \frac{\partial \theta}{\partial \tau} + p_i^e T_a\right) \end{aligned}\right\} \tag{2-25}$$

其中：$\sum\limits_e$ 表示对节点 i 有关的单元求和。

（二）不稳定温度场有限元计算的时间离散

空间不稳定温度场的时间离散是用差分法来实现的，本研究使用向后差分法。式（2-27）对任意时间 τ 都成立，显然，对 $\tau = \tau_{n+1}$ 成立，即：

$$[H]\{T_{n+1}\} + [R]\left\{\frac{\partial T}{\partial \tau}\right\}_{n+1} = \{F\}_{n+1} \tag{2-26}$$

令：

$$\Delta T_n = T_{n+1} - T_n = \Delta \tau_n \left(\frac{\partial T}{\partial \tau}\right)_{n+1} \tag{2-27}$$

则：

$$\left\{\frac{\partial T}{\partial \tau}\right\}_{n+1} = \frac{1}{\Delta \tau_n}[\{T_{n+1}\} - \{T_n\}] \tag{2-28}$$

代入式（2-26），得到：

$$[H]\{T_{n+1}\} + [R]\frac{1}{\Delta \tau_n}[\{T_{n+1}\} - \{T_n\}] = \{F\}_{n+1} \tag{2-29}$$

即：

$$\left([H] + \frac{1}{\Delta \tau_n}[R]\right)\{T_{n+1}\} - \frac{1}{\Delta \tau_n}[R]\{T_n\} = \{F_{n+1}\} \tag{2-30}$$

第三节 考虑水管冷却效果不稳定温度场计算

目前考虑水管冷却效果混凝土不稳定温度场的计算主要有精细有限元法及等效热传导方程法两种方法。

一、水管冷却效果计算的有关理论

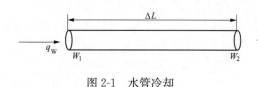

图 2-1　水管冷却

对于通水的一段水管，如图 2-1 所示。

$$q_n = -\lambda \frac{\partial T}{\partial n} \qquad (2\text{-}31)$$

在图 2-1 中，考察在 dt 时段内截面 W_1 和截面 W_2 之间混凝土和水流之间的热量交换，根据热量平衡原理，可推导得到此段水管水温增量：

$$\Delta T_W = T_{W_2} - T_{W_1} = \frac{-\lambda}{c_w \rho_w q_w} \iint_{S_0} \frac{\partial T}{\partial n} ds - \frac{A_p}{q_w} \int_{l_1}^{l_2} \frac{\partial T_W}{\partial t} dl \qquad (2\text{-}32)$$

上式可简化为：

$$\Delta T_W = T_{W_2} - T_{W_1} = \frac{-\lambda}{c_w \rho_w q_w} \iint_{S_0} \frac{\partial T}{\partial n} ds \qquad (2\text{-}33)$$

由于冷却水管的入口水温已知，利用上述公式，对每一根冷却水管沿水流方向可逐段推求沿程水温。设某根冷却水管共分 n 段，入口水温为 T_{W_0}，则有：

$$T_{W_i} = T_{W_0} + \sum_{j=1}^{i} \Delta T_{W_j} (i = 1, 2, \cdots, n) \qquad (2\text{-}34)$$

采用迭代算法进行温度场的计算：

第 1 次迭代，假定沿程水管各断面水温都等于进口水温，用有限元计算出包含水管混凝土温度场，由式（2-33）、式（2-34）计算各第一次近似水温 $T_{Wi}^{(1)}$。

第 2 次迭代，以 $T_{Wi}^{(1)}$ 作为各截面上的初始水温，再次用有限元计算出混凝土温度场，计算第二次近似水温 $T_{Wi}^{(2)}$。

如此重复，直至各水管截面的水温趋于稳定。结束迭代的条件为每个界面上本次计算得到的水温与上一次的差值小于一定的数值：

$$\max \left| \frac{T_{Wi}^k - T_{Wi}^{k+1}}{T_{Wi}^{k+1}} \right| \leqslant \varepsilon \qquad (2\text{-}35)$$

式中：k 为迭代次数；ε 为一指定的小数。

二、计算水管冷却效果的等效热传导方程

上述计算考虑水管冷却混凝土温度场的精细有限单元法，需要划分比较精细的计算网格，仿真计算工作量比较大，如果再考虑应力仿真计算，则计算速度会大幅下降。在这种情况下，通常把问题简化，在平均意义上考虑水管冷却的效果。

（一）无热源水管冷却问题

考虑单独一根水管的冷却问题，设混凝土圆柱体直径为 D，长度为 L，无热源，混凝土初温为 T_0，进口水温为 T_w。

则混凝土的平均温度可表示为：

$$T = T_w + (T_0 - T_w)\phi \tag{2-36}$$

为了以后建立等效热传导方程时使用，当 $b/c = 100$ 时，函数 ϕ 二期冷却及一期冷却的表达式如下：

二期冷却的表达式：

$$\phi = \exp(-k_1 z^s) \tag{2-37}$$

$$z = a\tau/D^2 \tag{2-38}$$

式中：a、τ、D 分别为导温系数、时间及水管直径。

参数 $\xi = \lambda L / c_w \rho_w q_w$ 决定了水管冷却效果。对于不同的 ξ，分别求出相应的 k_1 和 s，然后得到 k_1 和 s 的表达式如下：

$$k_1 = 2.08 - 1.17\xi + 0.256\xi^2 \tag{2-39}$$

$$s = 0.971 + 0.1485\xi - 0.0445\xi^2 \tag{2-40}$$

当 $b/c \neq 100$ 时，应采用等效导温系数。另外，式（2-40）既适用于金属水管，又适用于非金属冷却水管，对于金属水管与非金属水管来讲，主要区别在于特征根 $\alpha_n b$ 的不同。

把 $z = a\tau/D^2$ 代入式（2-40），得到：

$$\phi = \exp(-p\tau^s) \tag{2-41}$$

$$p = k_1 (a/D^2)^s \tag{2-42}$$

一期冷却的表达式：

一期冷却的中，$z = a\tau/D^2 \leqslant 0.75$，函数 ϕ 的表达式如下：

$$\left.\begin{array}{l} \phi = \exp(-p\tau) \\ p = ka/D^2 \end{array}\right\} \tag{2-43}$$

式中：$k = 2.09 - 1.35\xi + 0.320\xi^2$。

（二）有热源水管冷却问题

同时考虑绝热温升和水管冷却条件下，混凝土产生的平均温度为：

$$T(t) = \int_0^t \phi(t - \tau)\frac{\partial\theta}{\partial\tau}\mathrm{d}\tau \tag{2-44}$$

考虑用指数型表示混凝土绝热温升：$\theta(\tau) = \theta_0(1 - e^{-m\tau})$，代入式（2-44），得到：

$$T(t) = \theta_0 \psi(t), \psi(t) = \frac{m}{m - p}(e^{-pt} - e^{-mt}) \tag{2-45}$$

从而得到等效热传导方程如下：

$$\frac{\partial T}{\partial \tau} = a \ \nabla^2 T + (T_0 - T_W) \frac{\partial \phi}{\partial \tau} + \theta_0 \frac{\partial \psi}{\partial \tau} \tag{2-46}$$

第四节　混凝土温度徐变应力计算理论

一、混凝土弹性模量和徐变度

国内外研究成果表明，混凝土弹性模量受多种因素的影响，这些因素包括灰浆率、抗压强度、外加剂等。朱伯芳曾研究了混凝土弹性模量的不同表达式，提出了复合指数式和双曲线式，并指出：对于碾压混凝土，双曲公式的拟合精度较好。在国外，瑞典、美国混凝土学会（ACI）根据混凝土各龄期的抗压强度 $f_c(t)$ 来给出相应龄期弹性模量的表达式。

混凝土的徐变将使温度应力有较大的松弛，可使温度应力减小 30％～50％。因此，在应力仿真计算时必须考虑徐变的影响。

混凝土的徐变积分方程如下：

$$\varepsilon(t) - \varepsilon^0(t) = \sigma(\tau_0) J(t, \tau_0) + \int_{\tau_0}^t J(t, \tau) \mathrm{d}\sigma(\tau) \tag{2-47}$$

式中　$\varepsilon^0(t)$——由干缩、自生体积变形及温度变化引起的应变；

$J(t, \tau)$——混凝土的徐变柔量，$J(t, \tau) = \dfrac{1}{E(\tau)} + C(t, \tau)$，$C(t, \tau)$ 是混凝土的徐变度。

目前徐变度的表达式应用最多的是指数函数式，一个重要的原因是在有限元计算中，利用指数函数的特性，只需记录前一步计算的应力增量，而不必记录整个应力历史，从而可大大压缩存储量。目前，对徐变度的表达采用比较成熟的弹性老化徐变理论，其表达式如下：

$$C(t, \tau) = \left(A_1 + \frac{B_1}{\tau^{G_1}}\right) \left[1 - e^{-r_1(t-\tau)}\right] + \left(A_2 + \frac{B_2}{\tau^{G_2}}\right)$$
$$\left[1 - e^{-r_2(t-\tau)}\right] + D(e^{-r_3\tau} - e^{-r_3 t}) \tag{2-48}$$

式（2-48）右边第三大项是为了考虑不可复徐变，但在实际工程有限元计算中，一般只取前面两项。

二、混凝土徐变变形分析

假定在计算分析每个时段 $\Delta\tau_i$ 内应力呈线性变化，即：

$$\frac{\partial \sigma}{\partial \tau} = \zeta_i = 常数 \tag{2-49}$$

则从 t_0 加荷到时刻为 t 时的混凝土徐变变形为：

$$\varepsilon^c(t) = \Delta\sigma_0 C(t,\tau_0) + \int_{\tau_0}^{t} C(t,\tau)\frac{\partial \sigma}{\partial \tau}\mathrm{d}\tau = \Delta\sigma_0 C(t,\tau_0) + \sum_{i=1}^{n}\int_{\tau_{i-1}}^{\tau_i} C(t,\tau)\frac{\partial \sigma}{\partial \tau}\mathrm{d}\tau$$

$$= \Delta\sigma_0 C(t,\tau_0) + \sum_{i=1}^{n}\left(\frac{\partial \sigma}{\partial \tau}\right)_i C(t,\bar{\tau}_i)\Delta\tau_i$$

$$= \Delta\sigma_0 C(t,\tau_0) + \sum_{i=1}^{n}\Delta\sigma_i C(t,\bar{\tau}_i) \tag{2-50}$$

式中　$C(t,\tau)$——混凝土徐变度，可表示为 $C(t,\tau) = \psi(\tau)[1 - e^{-r(t-\tau)}]$；

$\bar{\tau}_i$——混凝土的中点龄期，$\bar{\tau}_i = \frac{1}{2}(\tau_{i-1} + \tau_i)$。

对于三维空间问题，将式（2-50）代入式（2-49），可得到：

$$\{\varepsilon^c(t_{n-1})\} = [Q]\{\{\Delta\sigma_0\}\psi(\tau_0)[1 - e^{-r(t_n - \Delta\tau_n - \tau_0)}]\} + [Q]\{\{\Delta\sigma_1\}\psi(\bar{\tau}_1)$$

$$[1 - e^{-r(t_n - \Delta\tau_n - \bar{\tau}_1)}]\} + \cdots + [Q]\{\{\Delta\sigma_{n-1}\}\psi(\bar{\tau}_{n-1})[1 - e^{-r(t_n - \Delta\tau_n - \bar{\tau}_{n-1})}]\} \tag{2-51}$$

$$\{\varepsilon^c(t_n)\} = [Q]\{\{\Delta\sigma_0\}\psi(\tau_0)[1 - e^{-r(t_n - \tau_0)}]\} + [Q]\{\{\Delta\sigma_1\}\psi(\bar{\tau}_1)[1 - e^{-r(t_n - \bar{\tau}_1)}]\}$$

$$+ \cdots + [Q]\{\{\Delta\sigma_{n-1}\}\psi(\bar{\tau}_{n-1})[1 - e^{-r(t_n - \bar{\tau}_{n-1})}]\}$$

$$+ [Q]\{\{\Delta\sigma_n\}\psi(\bar{\tau}_n)[1 - e^{-r(t_n - \bar{\tau}_n)}]\} \tag{2-52}$$

将式（2-52）、式（2-51）做减法，得到：

$$\{\Delta\varepsilon_n^c\} = \{\varepsilon^c(t_n)\} - \{\varepsilon^c(t_{n-1})\}$$

$$= [Q]\{\Delta\sigma_0\}\psi(\tau_0)[e^{-r(t_n - \Delta\tau_n - \tau_0)} - e^{-r(t_n - \tau_0)}]$$

$$+ [Q]\{\Delta\sigma_1\}\psi(\bar{\tau}_1)[e^{-r(t_n - \Delta\tau_n - \bar{\tau}_1)} - e^{-r(t_n - \bar{\tau}_1)}]$$

$$+ \cdots + [Q]\{\Delta\sigma_{n-1}\}\psi(\bar{\tau}_{n-1})[e^{-r(t_n - \Delta\tau_n - \bar{\tau}_{n-1})} - e^{-r(t_n - \bar{\tau}_{n-1})}]$$

$$+ [Q]\{\Delta\sigma_n\}\psi(\bar{\tau}_n)[1 - e^{-r(t_n - \bar{\tau}_n)}]$$

$$= (1 - e^{-r\Delta\tau_n})[Q]\{\{\Delta\sigma_0\}\psi(\tau_0)e^{-r(t_n - \Delta\tau_n - \tau_0)}$$

$$+ \{\Delta\sigma_1\}\psi(\bar{\tau}_1)e^{-r(t_n - \Delta\tau_n - \bar{\tau}_1)} + \cdots$$

$$+ \{\Delta\sigma_{n-1}\}\psi(\bar{\tau}_{n-1})e^{-r(t_n - \Delta\tau_n - \bar{\tau}_{n-1})}\}$$

$$+ [Q]\{\Delta\sigma_n\}\psi(\bar{\tau}_n)[1 - e^{-r(t_n - \bar{\tau}_n)}] \tag{2-53}$$

由上式可得到如下公式：

$$\{\Delta\varepsilon_n^c\} = \{\varepsilon^c(t_n)\} - \{\varepsilon^c(t_{n-1})\}$$

$$= (1 - e^{-r\Delta\tau_n})\{\omega_n\} + [Q]\{\Delta\sigma_n\}C(t_n,\ \overline{\tau}_n) \tag{2-54}$$

其中：

$$\{\omega_n\} = \{\omega_{n-1}\}e^{-r\Delta\tau_{n-1}} + [Q]\{\Delta\sigma_{n-1}\}\psi(\overline{\tau}_{n-1})e^{-0.5r\Delta\tau_{n-1}} \tag{2-55}$$

$$\{\omega_1\} = [Q]\{\Delta\sigma_0\}\psi(\tau_0) \tag{2-56}$$

三、混凝土温度徐变应力有限元计算原理

（一）应力应变关系

应力增量和应变增量的关系为：

$$\{\Delta\sigma_n\} = [\overline{D}_n](\{\Delta\varepsilon_n\} - \{\eta_n\} - \{\Delta\varepsilon_n^T\} - \{\Delta\varepsilon_n^0\} - \{\Delta\varepsilon_n^s\}) \tag{2-57}$$

式中：

$$[\overline{D}_n] = \overline{E}_n[Q]^{-1} \tag{2-58}$$

$$\overline{E}_n = \frac{E(\overline{\tau}_n)}{1 + E(\overline{\tau}_n)C(t_n,\overline{\tau}_n)} \tag{2-59}$$

令：$D_1 = \dfrac{(1-\mu)\overline{E}_n}{(1+\mu)(1-2\mu)}$ $D_2 = \dfrac{\mu\overline{E}_n}{(1+\mu)(1-2\mu)}$ $D_3 = \dfrac{\overline{E}_n}{2(1+\mu)}$

则：

$$[\overline{D}_n] = \begin{bmatrix} D_1 & D_2 & D_2 & 0 & 0 & 0 \\ D_2 & D_1 & D_2 & 0 & 0 & 0 \\ D_2 & D_2 & D_1 & 0 & 0 & 0 \\ 0 & 0 & 0 & D_3 & 0 & 0 \\ 0 & 0 & 0 & 0 & D_3 & 0 \\ 0 & 0 & 0 & 0 & 0 & D_3 \end{bmatrix} \tag{2-60}$$

（二）整体劲度矩阵及等效结点荷载

由虚功原理可知，单元结点力增量由下式计算：

$$\{\Delta F\}^e = \iiint [B]^T\{\Delta\sigma\}\mathrm{d}x\mathrm{d}y\mathrm{d}z \tag{2-61}$$

把式（2-57）代入式（2-61），得到：

$$\{\Delta F\}^e = [k]^e\{\Delta\delta_n\}^e - \iiint [B]^T[\overline{D}_n](\{\eta_n\} + \{\Delta\varepsilon_n^T\} + \{\Delta\varepsilon_n^0\} + \{\Delta\varepsilon_n^s\})\mathrm{d}x\mathrm{d}y\mathrm{d}z \tag{2-62}$$

上式中单元刚度矩阵为：

$$[k]^e = \iiint [B]^T[\overline{D}_n][B]\mathrm{d}x\mathrm{d}y\mathrm{d}z \tag{2-63}$$

式（2-62）右边第二大项代表非应力变形所引起的结点力，把它们改变符号后，即得到非应力变形引起的单元荷载增量。

$$\left.\begin{array}{l} \{\Delta P_n\}_e^c = \iiint [B]^T [\overline{D}_n] \{\eta_n\} \mathrm{d}x\,\mathrm{d}y\,\mathrm{d}z \\[10pt] \{\Delta P_n\}_e^T = \iiint [B]^T [\overline{D}_n] \{\Delta \varepsilon_n^T\} \mathrm{d}x\,\mathrm{d}y\,\mathrm{d}z \\[10pt] \{\Delta P_n\}_e^0 = \iiint [B]^T [\overline{D}_n] \{\Delta \varepsilon_n^0\} \mathrm{d}x\,\mathrm{d}y\,\mathrm{d}z \\[10pt] \{\Delta P_n\}_e^s = \iiint [B]^T [\overline{D}_n] \{\Delta \varepsilon_n^s\} \mathrm{d}x\,\mathrm{d}y\,\mathrm{d}z \end{array}\right\} \tag{2-64}$$

式中　$\{\Delta P_n\}_e^c$——徐变引起的单元荷载增量；

$\{\Delta P_n\}_e^T$——温度引起的单元荷载增量；

$\{\Delta P_n\}_e^0$——自生体积变形引起的单元荷载增量；

$\{\Delta P_n\}_e^s$——干缩引起的单元荷载增量。

因此，把结点力和结点荷载对各个相关单元加以集合，得到整体平衡方程：

$$[K]\{\Delta\delta_n\} = \{\Delta P_n\}^L + \{\Delta P_n\}^C + \{\Delta P_n\}^T + \{\Delta P_n\}^0 + \{\Delta P_n\}^S \tag{2-65}$$

由整体平衡方程（2-65）解出各结点位移增量，由式（2-57）算出各单元应力增量 $\{\Delta\sigma_n\}$，累加后，即得到各单元应力如下：

$$\sigma_n = \{\Delta\sigma_1\} + \{\Delta\sigma_2\} + \cdots + \{\Delta\sigma_n\} = \sum\{\Delta\sigma_n\} \tag{2-66}$$

第五节　不稳定温度场三维有限元计算程序编制

基于上述理论编制施工期不稳定温度场三维有限元计算程序，流程图见图 2-2。

本程序可模拟施工期从第一层混凝土浇筑整个施工过程、完工后运行过程的温度场。除了浇筑层数和计算网格自动生成、计算浇筑过程步长的选取等，还重点研究了第三类边界条件的自动搜索和处理、各种温控措施的数值模拟等。

一、浇筑过程中第三类边界条件的自动处理

程序通过对当前浇筑层及以下浇筑层所有参与计算单元进行搜索，根据单元中第三类边界只存在于一个单元（即没有其他单元中边界与之重合）的原理自动筛选出第三类边界。对筛选出的第三类边界，根据当前浇筑层数、计算时间、层面位置、温控措施（如边界是与水接触还是与空气接触，是蓄水后的水库水还是施工期间的表面流水；是临时保温、越冬保温还是永久保温，保温层

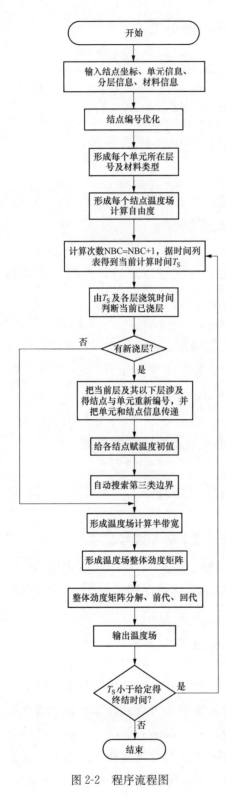

图 2-2　程序流程图

的厚度多少）等进行综合判断，程序自动赋予这些边界不同的放热系数。

二、对表面流水温控措施的模拟

表面流水是夏季施工期间严寒地区经常采用的一种温控措施，通常是跟临时保温配套使用，即先在混凝土表面铺设 1～2cm 厚的聚乙烯保温被，然后在空气中采用喷淋方式对仓面喷水，在保温被上形成一层水膜，从而起到隔热冷却作用。在程序中对其冷却效果的模拟如下：对于表面流水边界，程序首先判断当前计算时间是否在规定的表面流水时段内，如在规定时段，则应把表面流水边界的放热系数改为一个较大的数（相当于第三类边界变为第一类边界），然后采用有限元进行整个区域混凝土温度场计算。超出表面流水时间段，则由程序判断自动改回第三类边界条件。

三、对表面保温措施的模拟

表面保温在实施工程中可分为临时保温、越冬保温和永久保温。临时保温是施工期间对裸露的混凝土面覆盖 1～2cm 厚的聚乙烯保温被，以防止严寒地区"无时不在"的寒潮冷击；越冬保温是大坝冬季停浇越冬时，在越冬水平面上铺设较大厚度的保温被进行越冬期间的保温；永久保温是指在大坝的上、下游面采用永久保温材料进行保温，即使进入运行期，此保温也不得拆除。在程序中对表面保温的模拟计算如下：针对上述自动搜索得来的第三类边界，根据其不同的边界条件，如保温材料、保温厚度等，对此边界赋予不同的等效放热系数，然后进行混凝土温度场的计算。

四、对水管冷却措施的模拟

在数据文件中给定需进行水管冷却的层号和其冷却通水时间，对于当前的计算时间，判断计算区域是否包含通水的浇筑层。对通水的浇筑层，按照前述的等效热传导方程考虑水管的冷却效果。如此可实现水管的一期、二期甚至多期冷却计算。

五、水管通热水加热措施模拟

对于严寒地区的碾压混凝土重力坝，为了控制越冬水平面新、老混凝土的上、下层温差，国外有些工程采用对老混凝土面加热的方式，加热方式有两种：一种是在越冬面上铺设电热毯，另一种是在老混凝土中提前布设水管通热水进行加热。本程序在编制时考虑了这种情况。关于对水管通热水进行加热的有限元数值模拟，其方法同计算水管二期冷却效果完全一样。即水管中水温高于混凝土时，则通水冷却；水管中水温低于混凝土时，则通水加热。

六、算例

（一）算例 1：绝热温升验证

考虑混凝土绝热温升过程。一混凝土立方块体，边长为 1m，其 6 个面与周围完全绝热，混凝土的导温系数 $a=0.1\text{m}^2/\text{d}$，绝热温升函数 $\theta=\dfrac{32.2\tau}{2+\tau}$，混凝土初温 $T_0=10.0℃$。将六面体混凝土块体划分成边长为 0.1m 的单元，共有 1000 个单元和 1331 个结点，计算结果如表 2-1 及图 2-3 所示。

表 2-1　　　　只考虑绝热温升混凝土温度场理论值与计算值比较表

时间（d）	1	2	5	10	15	20	28
理论值（℃）	20.73	13.650	19.500	22.750	24.088	24.818	25.480
计算值（℃）	20.73	13.599	19.437	22.683	24.021	24.750	25.411
误差（%）	0.415	0.374	0.324	0.293	0.280	0.274	0.271

（二）算例 2：第一类边界与散热边界组合的验证

考虑无限长混凝土平板冷却过程（见图 2-4），设平板厚 1m，初始瞬时为均匀分布温度 $T_0=20℃$，环境温度 $T_a=0℃$，混凝土的导温系数 $a=0.1\text{m}^2/\text{d}$。

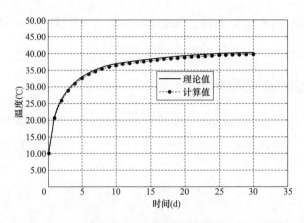

图 2-3　只考虑绝热温升混凝土温度理论值与计算值

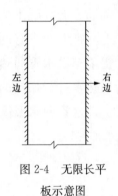

图 2-4　无限长平
板示意图

平板左边为第一类边界，其温度恒为 0℃，右边为第三类边界，混凝土的表面散热系数与导热系数之比 $\bar{\beta}=2.0/\mathrm{m}$，该问题可表示为：

$$
\left.
\begin{aligned}
&\frac{\partial T}{\partial \tau}=a\,\frac{\partial^2 T}{\partial x^2}\\[4pt]
&T(x,0)=T_0\\[4pt]
&T(0,t)=0\\[4pt]
&\frac{\partial T(x,t)}{\partial x}\bigg|_{x=1}=\bar{\beta}[T(1,t)-0]
\end{aligned}
\right\}
\qquad(2\text{-}67)
$$

用分离变量法解得上式的解为：

$$
T(x,t)=T_0\sum_{n=1}^{\infty}C_n\sin(\mu_n x)e^{-a\mu_n^2 \tau}
\qquad(2\text{-}68)
$$

其中，$C_n=2(1-\cos\mu_n)/(\mu_n-\sin\mu_n\cos\mu_n)$，$\mu_n$ 为特征方程 $\tan\mu+\dfrac{\mu}{\bar{\beta}}=0$ 的第 n 个根，计算时取特征根的前 4 项，μ_n 的值分别为 2.289、5.087、8.096、11.173。计算模型采用 1m×20m×1m（$x\times y\times z$）的三维混凝土块体，不记混凝土的绝热温升。理论值和有限元计算结果对比如表 2-2 及图 2-5 所示。

表 2-2　　　一边恒温、一边放热边界板温度场理论值与计算值比较表

时间 \ 距离		0.2m	0.5m	1.0m
0.5d	理论值（℃）	9.420	17.229	12.821
	计算值（℃）	9.925	17.310	12.971
	误差（%）	5.09	0.47	1.16

续表

时间	距离	0.2m	0.5m	1.0m
1d	理论值（℃）	6.541	13.033	10.301
	计算值（℃）	6.573	13.274	10.393
	误差（%）	0.49	1.82	0.89
1.5d	理论值（℃）	4.879	9.936	8.083
	计算值（℃）	5.022	10.171	8.218
	误差（%）	2.85	2.31	1.64

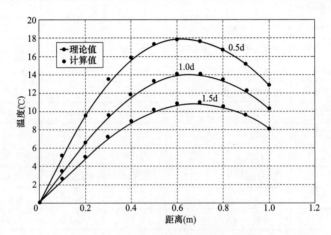

图 2-5　一边恒温、一边放热边界板温度场理论值与计算值

（三）算例 3：绝热边界及散热边界组合的验证

考虑无限长混凝土平板冷却过程（见图 2-4），设平板厚 1m，初始瞬时为均匀分布温度 $T_0=20℃$，环境温度 $T_a=0℃$，混凝土的导温系数 $a=0.1 \text{m}^2/\text{d}$。平板左边为绝热边界，右面为散热边界，混凝土的表面散热系数与导热系数之比 $\bar{\beta}=2.0/\text{m}$，该问题可表示为：

$$\left. \begin{array}{l} \dfrac{\partial T}{\partial \tau}=a\dfrac{\partial^2 T}{\partial x^2} \\[2mm] T(x,0)=T_0 \\[2mm] \dfrac{\partial T(x,t)}{\partial x}\bigg|_{x=0}=0 \\[2mm] \dfrac{\partial T(x,t)}{\partial x}\bigg|_{x=1}=\bar{\beta}[T(1,t)-0] \end{array} \right\} \tag{2-69}$$

用分离变量法解得上式的解为：

$$T(x,t) = T_0 \sum_{n=1}^{\infty} A_n \cos(\mu_n x) e^{-a\mu_n^2 \tau} \qquad (2\text{-}70)$$

其中，$A_n = 2\sin\mu_n / (\mu_n + \sin\mu_n \cos\mu_n)$，$\mu_n$ 为特征方程 $\text{ctg}\mu - \dfrac{\mu}{\beta} = 0$ 的第 n 个根，计算时取特征根的前三项，解得 μ_n 的值分别为 1.075、3.644、6.579。计算模型采用 1m×50m×1m（$x \times y \times z$）的三维混凝土块体，不记混凝土的绝热温升。理论值和有限元计算结果如表 2-3 及图 2-6 所示。

表 2-3 一边绝热、一边放热边界板温度场理论值与计算值比较表

时间	距离	0.0m	0.2m	0.4m	0.6m	0.8m	1.0m
2d	理论值（℃）	18.365	18.018	16.957	15.133	12.523	9.187
	计算值（℃）	18.345	18.009	16.974	15.176	12.575	9.218
	误差（%）	0.11	0.05	0.10	0.28	0.41	0.34
5d	理论值（℃）	13.213	12.91	12.015	10.567	8.631	6.294
	计算值（℃）	13.239	12.935	12.037	10.583	8.637	6.288
	误差（%）	0.20	0.19	0.18	0.15	0.07	0.10
10d	理论值（℃）	7.418	7.247	6.742	5.927	4.84	3.529
	计算值（℃）	7.44	7.268	6.76	5.94	4.845	3.527
	误差（%）	0.30	0.29	0.27	0.22	0.10	0.06

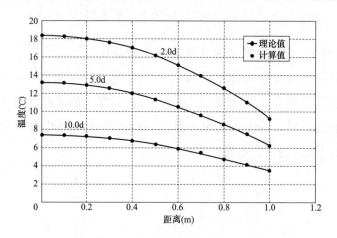

图 2-6　一边绝热、一边放热边界板温度场理论值与计算值

（四）算例 4：水管通水冷却效果的计算

对一 5m×20m×1m（$x \times y \times z$）的混凝土浇筑块，布置有 5 条冷却水管，水管直径 4cm，间距 1.0m，浇筑块侧面与底面绝热，只通过顶面及水管散热。图 2-7

为有限元网格剖分图，一共划分空间 8 结点等参单元 2400 个，结点 3108 个。混凝土初温为 20℃，绝热温升为 $\theta(\tau)=\dfrac{27.3\tau}{1.0+\tau}$，导热系数 $\lambda=220\text{kJ}/(\text{m}\cdot\text{d}\cdot℃)$，放热系数 $\beta=660\text{kJ}/(\text{m}^2\cdot\text{d}\cdot℃)$，导温系数 $\alpha=0.1\text{m}^2/\text{d}$。水的比热 $C_w=4.19\text{kJ}/(\text{kg}\cdot℃)$，水管入口断面水温 10℃，流量为 21.6m³/d。图 2-8 和图 2-9 为浇筑 5d 后 $y=10\text{m}$ 断面未布置冷却水管和布置水管时温度场等值线图，由图可知，通过冷却的效果是比较显著的。

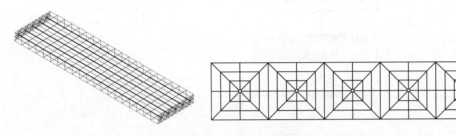

图 2-7　有限元网格剖分图

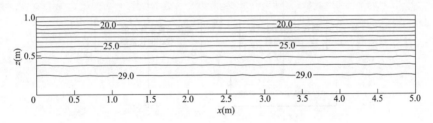

图 2-8　只有顶面散热时 $y=10\text{m}$ 温度场等值线（单位：℃）

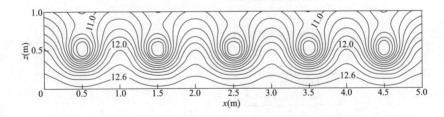

图 2-9　顶面和水管共同散热时 $y=10\text{m}$ 温度场等值线（单位：℃）

第六节　大体积混凝土温度徐变应力三维计算程序编制

混凝土温度徐变应力场三维计算程序流程图如图 2-10 所示。

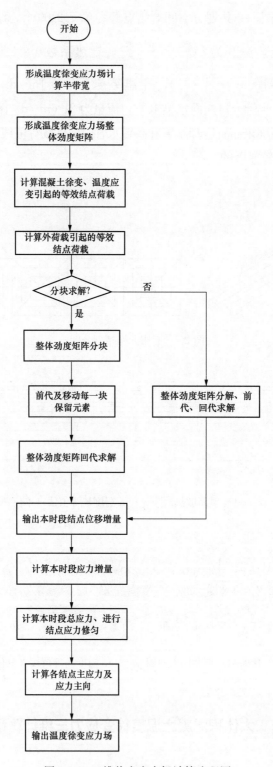

图 2-10　三维徐变应力场计算流程图

假设有一大小为 10m×1m×5m 的混凝土浇筑体（见图 2-11），分 10 层浇筑，每层厚 0.5m，层间间歇时间为 0.2d，材料导温系数 $\alpha=0.1\text{m}^2/\text{d}$，混凝土的绝热温升函数 $\theta=\dfrac{38.0\tau}{2.0+\tau}$。浇筑体底面绝热，开始浇筑前 10 天顶面和 $y=0$、$y=1$ 面散热，以后除底面绝热外，所有临空面均散热，混凝土与空气热交换系数 $\overline{\beta}=3.0/\text{m}$。

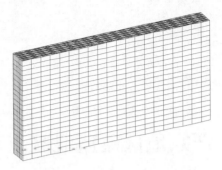

图 2-11 有限元计算网格图

每浇筑层的浇筑温度为 15.0℃，环境温度为 10.0℃，且在第 28 天环境温度降低 3℃，第 29 天降低 2℃，第 30 天恢复到 10℃。混凝土容重为 24kN/m³，弹性模量与龄期的关系取为：

$$E(\tau)=30\times[1-e^{(-0.409\tau^{0.182})}]\text{GPa} \tag{2-71}$$

徐变度为：

$$C(t,\tau)=(3.483+49.110/\tau^{0.45})\times[1-e^{-0.30(t-\tau)}]+$$
$$(12.850+17.219/\tau^{0.45})\times[1-e^{-0.009(t-\tau)}]10^{-6}/\text{MPa} \tag{2-72}$$

如图 2-12 所示为 (5，0，0) 点温度及应力计算过程线，其中，应力过程线分不考虑徐变和考虑徐变两种情况，从图上可以看出，两种情况的应力过程线变化规律相同，但徐变使混凝土的拉应力和压应力都得到一定程度的松弛。

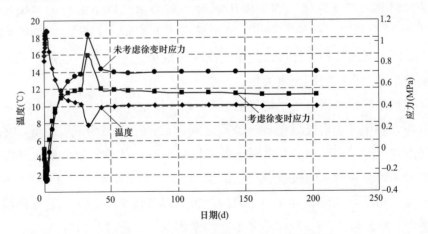

图 2-12 （5，0，0）点温度及应力计算过程线

第三章

严寒地区碾压混凝土重力坝温控关键技术研究

本章以新疆某严寒地区碾压混凝土重力坝为依托，首先对施工过程中浇筑温度、水管冷却、表面保温等常规温控措施进行了敏感性分析。在此基础上，通过仿真计算和现场实测的手段对浇筑温度、仓面喷雾、仓面临时保温＋喷淋、水管一期通水冷却、永久保温等关键技术问题进行了研究，通过工地现场的实际监测资料验证这些措施的应用效果，有效防止了大坝上下游表面裂缝、深层裂缝及越冬层面水平裂缝。特别是解决了越冬水平层面开裂这一在国内外严寒地区碾压混凝土重力坝中普遍出现的问题。

第一节　严寒地区碾压混凝土重力坝工程概况

结合研究的严寒地区工程为碾压混凝土重力坝（以下简称为"K坝"），主坝共计83个坝段，全长1570m，最大坝高121.50m，工程为一等大（1）型工程，是国内已建工程中纬度位置最高的碾压混凝土重力坝，也是严寒地区修建的坝高最高的碾压混凝土重力坝。

K坝地处严寒地区，年平均气温2.7℃，气候条件极为严酷。6、7、8月份气温较高，多年月平均气温在20～22℃之间；12、1、2月份气温较低，多年月平均气温在−20.6～−17.5℃之间，夏天气温较高，冬季气温较低，气温年内变化很大。曾经观测到的极端最高气温为40.1℃（1995年7月4日），极端最低气温为−49.8℃（1969年1月26日），极端温差在90℃以上，建坝环境条件极为恶劣。坝址区6、7、8月份多年平均水温为13.9～17.3℃；5、6、7月份坝面辐射数值较大，均超过M兆J/m²[972kJ/(m²·h)]。本地区气候干燥，夏季13：00～19：00期间空气相对湿度只有10%～20%。

坝址所在区寒潮频繁。多年统计结果表明，每年12个月份中，月平均骤降次数除气温较高的6、7月份在1～2次外，其他各月在2～4次。典型寒潮降温多发生在 11 月～1 月之间，骤降历时 3～5d，一次骤降最大值可达到 30℃ 以上。

综上所述，在本地区修建碾压混凝土重力坝，温控防裂的难度极大。

第二节 严寒地区碾压混凝土重力坝温控措施敏感性分析

为了分析不同温控措施对严寒地区碾压混凝土重力坝不同区域温度应力的影响程度，分别进行了浇筑温度、通水冷却及表面保温等单项措施的敏感性分析。

一、计算模型

本次温控措施敏感性分析采用新疆某严寒地区碾压混凝土重力坝 35 号河床坝段，坝段取沿坝轴线方向 15m。计算整体坐标系坐标原点在坝段坝踵处，x 轴为顺水流方向，正向为上游指向下游；y 轴为垂直水流方向，正向为右岸指向左岸；z 轴为竖直方向，正向铅直向上。

温度场计算时，两个横缝面作为绝热面，按照第二类边界条件处理。计算采用的气温为旬平均气温，大坝在 2008 年 8 月 1 号蓄水；应力场计算中，地基在上下游方向、坝轴线方向分别按 x 向、y 向简支处理，地基底面按固定支座处理。

计算使用的三维有限元模型如图 3-1 所示。

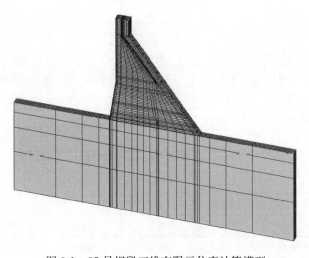

图 3-1 35 号坝段三维有限元仿真计算模型

35 号坝段各层浇筑信息统计表见表 3-1。

表 3-1 35 号坝段浇筑信息统计表

层号	浇筑日期	浇筑时间（d）	层高（m）	浇筑层顶高程（m）	浇筑温度（℃）	备注
1	2007 年 7 月 12 日	0	3.5	631.5	20.2	下游浇筑
2	2007 年 7 月 22 日	10	3.5	631.5	20.0	上游浇筑
3	2007 年 8 月 31 日	50	1.5	633	16.7	下游浇筑
4	2007 年 9 月 11 日	61	1.5	633	17.0	上游浇筑
5	2007 年 9 月 15 日	65	4.0	637	16.7	下游浇筑
6	2007 年 9 月 27 日	77	4.0	637	12.5	上游浇筑
7	2007 年 9 月 29 日	79	1.0	638	12.3	通仓浇筑
8	2007 年 10 月 14 日	94	3.0	641	8.6	通仓浇筑
9	2008 年 4 月 12 日	274	4.0	645	10.0	通仓浇筑
10	2008 年 4 月 26 日	289	3.0	648	12.0	通仓浇筑
11	2008 年 5 月 6 日	299	3.0	651	10.0	通仓浇筑
12	2008 年 5 月 17 日	310	3.6	654.6	18.0	通仓浇筑
13	2008 年 5 月 28 日	319	3.6	658.2	20.0	通仓浇筑
14	2008 年 6 月 9 日	333	3.0	661.2	19.0	通仓浇筑
15	2008 年 6 月 19 日	343	3.0	664.2	18.0	通仓浇筑
16	2008 年 6 月 28 日	352	3.0	667.2	19.0	通仓浇筑
17	2008 年 7 月 26 日	380	3.0	670.2	20.0	通仓浇筑
18	2008 年 8 月 2 日	387	1.8	672	20.0	通仓浇筑
19	2008 年 8 月 12 日	397	1.6	673.6	20.0	通仓浇筑
20	2008 年 8 月 19 日	404	1.6	675.2	20.0	通仓浇筑
21	2008 年 8 月 25 日	410	2.9	678.1	20.0	通仓浇筑
22	2008 年 8 月 29 日	414	3.0	681.1	23.0	通仓浇筑
23	2008 年 9 月 21 日	437	3.0	684.1	16.0	通仓浇筑
24	2008 年 9 月 30 日	446	3.0	687.1	13.0	通仓浇筑
25	2008 年 10 月 16 日	460	3.0	690.1	11.0	通仓浇筑
26	2009 年 4 月 16 日	644	3.0	693	10.0	通仓浇筑
27	2009 年 4 月 25 日	653	3.0	696	12.0	通仓浇筑
28	2009 年 5 月 1 日	659	2.0	698	15.0	通仓浇筑
29	2009 年 5 月 10 日	668	3.0	701	18.0	通仓浇筑
30	2009 年 5 月 18 日	676	2.2	703.2	18.0	通仓浇筑
31	2009 年 5 月 29 日	687	1.8	705	20.0	通仓浇筑
32	2009 年 6 月 11 日	700	1.5	706.5	20.0	通仓浇筑

续表

层号	浇筑日期	浇筑时间（d）	层高（m）	浇筑层顶高程（m）	浇筑温度（℃）	备注
33	2009 年 6 月 25 日	714	3.0	709.5	20.0	通仓浇筑
34	2009 年 7 月 9 日	728	3.0	712.5	20.0	通仓浇筑
35	2009 年 7 月 16 日	735	3.0	715.5	20.0	通仓浇筑
36	2009 年 7 月 25 日	744	3.0	718.5	12.0	通仓浇筑
37	2009 年 8 月 9 日	759	3.0	721.5	12.0	通仓浇筑
38	2009 年 8 月 22 日	772	3.0	724.5	12.0	通仓浇筑
39	2009 年 9 月 1 日	782	3.0	727.5	12.0	通仓浇筑
40	2009 年 9 月 10 日	791	3.0	730.5	10.0	通仓浇筑
41	2009 年 9 月 18 日	799	3.0	733.5	10.0	通仓浇筑
42	2009 年 9 月 26 日	807	3.0	736.5	9.0	通仓浇筑
43	2009 年 10 月 6 日	817	3.0	739.5	9.0	通仓浇筑
44	2010 年 6 月 4 日	1058	2.0	741.5	20.0	通仓浇筑
45	2010 年 7 月 6 日	1090	2.0	743.5	20.0	通仓浇筑
46	2010 年 7 月 17 日	1101	1.7	745.2	20.0	通仓浇筑

五种材料热学参数见表 3-2。

表 3-2　　　　　混凝土材料的热学参数统计表

配合比编号	混凝土强度等级	比热 [kJ/(k·℃)]	导热系数 [kJ/(m·h·℃)]	导温系数 (m²/h)	热膨胀系数 (10⁻⁶/℃)
1	$R_{180}20W10F300$	0.951	8.49	0.0038	9.25
2	$R_{180}20W10F100$	0.918	8.23	0.0037	9.19
3	$R_{180}20W6F200$	0.902	8.38	0.0038	9.12
4	$R_{180}15W4F50$	0.897	8.57	0.0035	9.01
5	$R_{180}20W4F50$	0.884	8.34	0.0038	8.96
6	$R_{28}20W10F100$	0.982	8.59	0.0036	9.38

五种材料的绝热温升如下：

$R_{180}20W10F300$ 绝热温升曲线为：$T=24.29d/(2.06+d)$

$R_{180}200W10F100$ 绝热温升曲线为：$T=22.68d/(2.08+d)$

$R_{180}20W6F200$ 绝热温升曲线为：$T=21.9d/(2.2+d)$

$R_{180}15W4F50$ 绝热温升曲线为：$T=17.42d/(2.84+d)$

$R_{180}200W4F50$ 绝热温升曲线为：$T=17.61d/(2.82+d)$

$R_{28}20W10F100$ 绝热温升曲线为：$T=31.6d/(2.37+d)$

二、浇筑温度敏感性分析

在不采取任何其他温控措施的条件下，分析浇筑温度为15℃、17℃、19℃、21℃、23℃的情况。图3-2为基础强约束区二级配、三级配混凝土在不同浇筑温度下的温度变化过程线；图3-3为基础弱约束区二级配、三级配混凝土在不同浇筑温度下的温度变化过程线；表3-3为不同浇筑温度下的特征值统计表。

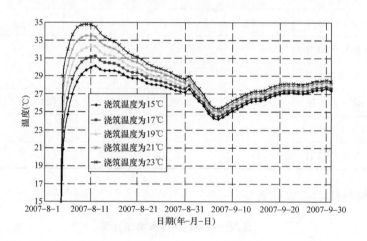

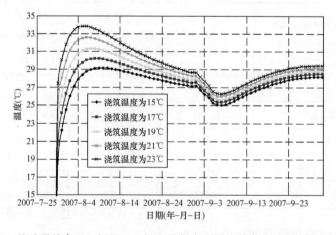

图 3-2　基础强约束区二级配、三级配混凝在不同浇筑温度下的温度变化过程线

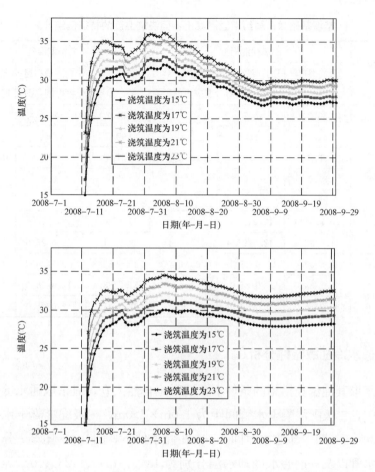

图 3-3　基础弱约束区二级配、三级配混凝在不同浇筑温度下的温度变化过程线

从基础强约束区和弱约束区不同浇筑温度对应的最高温度来看：混凝土浇筑温度每升高 2℃，最高温度约升高 1℃，且浇筑温度越高，最高温度出现的时间越早。

比较基础强约束区和基础弱约束区浇筑温度对最高温度的影响可以看出：基础弱约束区由于浇筑层间隔时间较短，温度出现两个峰值，第一个峰值是由于自身浇筑层水化热温升引起，第二个峰值是由于浇筑以后上层混凝土热量倒灌所致，且第二个峰值的数值往往要大于第一个峰值。

从不同区域浇筑温度对混凝土温度应力的影响可以看出：在基础强约束区，温度应力对浇筑温度更加敏感，浇筑温度每降低 1℃，温度徐变应力约降低 0.1MPa；而在基础弱约束区，浇筑温度对应力的影响不及基础强约束区的一半，这说明在基础强约束区，应加强浇筑温度的控制，而在弱约束区可适当放宽对浇筑温度的要求，以节约温控费用。

表3-3　　　　　某坝基础强、弱约束区混凝土不同浇筑温度的特征值统计表

区域	浇筑温度（℃）	二级配混凝土			三级配混凝土		
		最高温度（℃）	达到最高温度时间（d）	浇筑温度对温度应力的影响	最高温度（℃）	达到最高温度时间（d）	浇筑温度对温度应力的影响
基础强约束区	15.0	30.2	8.0		29.2	11.0	
	17.0	31.2	8.0		30.3	10.0	
	19.0	32.3	7.0	0.10MPa/℃	31.4	9.0	0.07MPa/℃
	21.0	33.5	6.0		32.6	8.0	
	23.0	34.8	6.0		33.9	7.0	
基础弱约束区	15.0	30.7/31.9	12.0/25.0		29.1/30.0	12.0/26.0	
	17.0	31.6/32.9	12.0/25.0		29.9/31.2	12.0/26.0	
	19.0	32.5/34.0	7.0/25.0	0.03MPa/℃	30.8/32.3	12.0/26.0	0.02MPa/℃
	21.0	33.7/35.0	7.0/25.0		31.7/33.4	12.0/26.0	
	23.0	34.9/36.0	6.0/25.0		32.5/34.5	12.0/26.0	

三、通水冷却敏感性分析

在不采取其他温控措施的条件下，混凝土自然入仓，只采取通水冷却的温控措施，其中，二级配混凝土水管间距为1.0m×1.0m，三级配混凝土水管间距为1.5m×1.5m，一期冷却通水时间15d。在此条件下，图3-4～图3-7分别比较了不设冷却水管以及一期通水冷却水温分别为18℃、15℃、12℃、9℃等情况下基础强、弱约束区的温度及应力变化过程，表3-4统计了通水冷却方案的特征值。

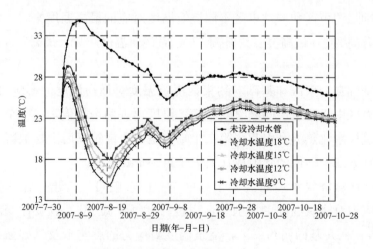

图3-4　某坝基础强约束区二级配混凝土不同通水温度及应力变化过程线（一）

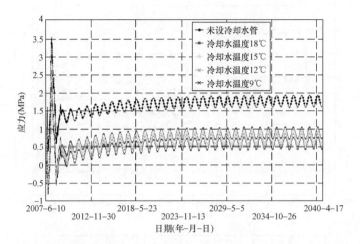

图 3-4 某坝基础强约束区二级配混凝土不同通水温度及应力变化过程线（二）

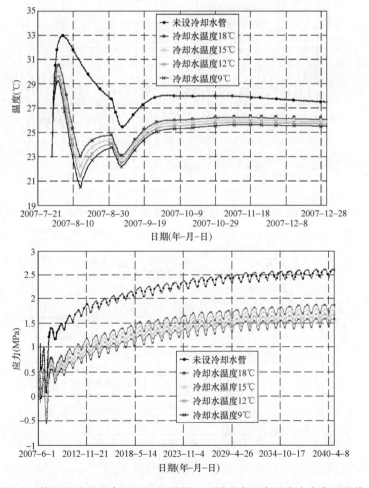

图 3-5 某坝基础强约束区三级配混凝土不同通水温度及应力变化过程线

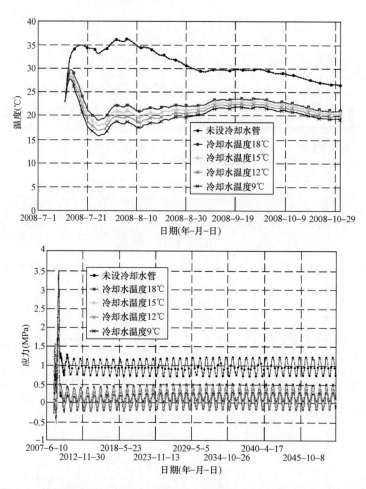

图 3-6 某坝基础弱约束区二级配混凝土不同通水温度及应力变化过程线

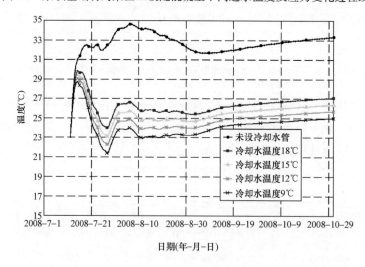

图 3-7 某坝基础弱约束区三级配混凝土不同通水温度及应力变化过程线（一）

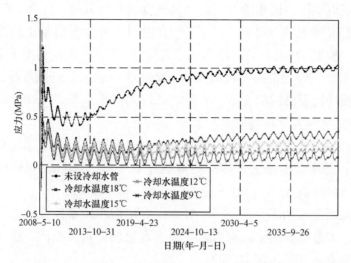

图 3-7 某坝基础弱约束区三级配混凝土不同通水温度及应力变化过程线（二）

表 3-4　　某坝基础强、弱约束区混凝土不同通水冷却温度及特征值统计表

区域	冷却水温度（℃）	二级配混凝土			三级配混凝土		
		最高温度（℃）	达到最高温度时间（d）	降温速度（℃/d）	最高温度（℃）	达到最高温度时间（d）	降温速度（℃/d）
基础强约束区	—	34.8/28.6	6/47	—	33.0/28.0	6/60	—
	18	29.3/25.2	3/47	0.8	30.6/26.0	4/60	0.63
	15	28.6/24.9	2/47	0.82	30.1/25.8	4/60	0.66
	12	28.0/24.7	2/47	0.86	29.6/25.5	3/60	0.69
	9	27.3/24.4	2/47	0.88	29.2/25.2	3/60	0.73
基础弱约束区	—	34.9/36.2	6/25	—	32.5/34.6	7/25	—
	18	29.6/22.3	2/25	0.8	29.8/26.7	3/25	0.45
	15	29.0/21.1	2/25	0.84	29.5/25.8	3/25	0.49
	12	28.4/19.9	2/25	0.88	29.1/24.9	3/25	0.53
	9	27.8/18.7	2/25	0.91	28.8/24.0	3/25	0.57

　　从上面温度变化过程可以看出：采取冷却水管一期通水冷却后，大坝混凝土在 2～4d 达到最高温度，然后在通水冷却的作用下温度开始下降。通水 15d 后，一期冷却结束。后面在上层新浇混凝土的作用下，混凝土的温度又有所回升，但不超过前面最高温度。

对于大坝混凝土，通水冷却消减最高温度的效果显著。如通18℃水时相比不通水二级配混凝土最高温度降低了5.0℃左右，三级配混凝土最高温度降低了3℃左右。布设冷却水管后，冷却水温每降低3℃，二级配混凝土最高温度下降0.6~0.7℃，三级配混凝土最高温度下降0.3~0.5℃，且随着冷却水温度的降低，最高温度出现的时间提前。另外，从降温速率来看，冷却水温度每降低3℃，冷却期间降温速率提高0.03~0.04℃/d。

从混凝土应力变化情况来看，通水冷却可显著降低混凝土温度应力，通水18℃时相较不通水情况最大温度应力降低了0.7~1.0MPa。布设冷却水管以后，冷却水温每降低3℃，混凝土最大应力约下降0.1MPa。

从大坝混凝土不同部位来分析：对通水冷却措施，基础强约束区比弱约束区更加敏感，但基础弱约束区应力削减幅度也比较可观。因此，通水冷却对于基础强、弱约束区都是比较重要的。

四、表面保温敏感性分析

为了分析保温对坝体表面混凝土温度和应力的影响，在大坝混凝土自然入仓浇筑且不采取其他温控措施的基础上，进行了不设保温、永久保温XPS板厚度为4cm、6cm、8cm、10cm等方案的计算分析，基础强约束区及弱约束区大坝上游面典型点在不同保温方案下的温度及应力变化过程线见图3-8及图3-9；表3-5为不同保温方案特征值统计表。

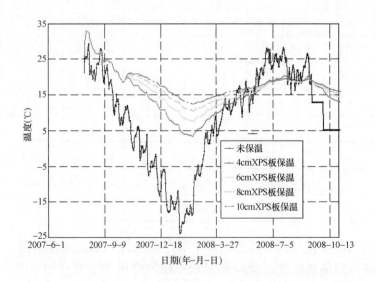

图3-8　基础强约束区上游面（蓄水后在水面以下）不同保温情况下温度及应力过程线（一）

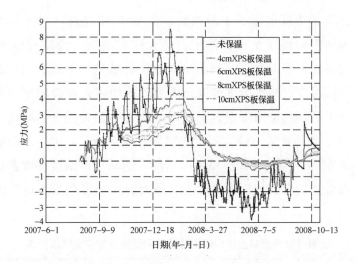

图 3-8　基础强约束区上游面（蓄水后在水面以下）不同保温情况下温度及应力过程线（二）

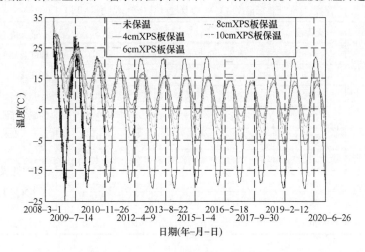

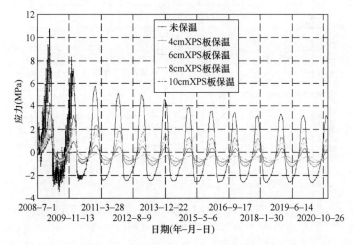

图 3-9　非约束区上游面（蓄水后在水面以上）不同保温情况下温度及应力过程线

对于基础强约束区混凝土上游坝面，在 2007 年浇筑，2008 年蓄水后位于水面以下，坝体表面混凝土最低温度、最大应力及最大温度梯度出现在 2007年冬季。通过对比无保温及不同保温厚度的计算结果，可以看出：保温对于提高冬季坝体表面温度、减小温度梯度，进而改善坝体表面温度应力具有十分重要的作用。保温后相对于未保温方案，坝面应力得到大幅度削减，且保温板厚度每增加 2cm，坝面混凝土最大温度梯度可削减 0.8～1.3℃/m，最大应力可削减 0.3～0.7MPa，但随着保温厚度的增加，削减坝面温度梯度和应力的效果逐渐降低。基础强约束区坝面保温厚度与最大温度梯度和最大应力的关系曲线见图 3-10。

表 3-5   新疆某碾压混凝土重力坝上游面不同保温方案特征值统计表

区域	XPS 保温板厚度（cm）	冬季坝面最低温度（℃）	坝面附近最大温度梯度（℃/m）	坝面最大应力（MPa）	备注
基础强约束区上游坝面（蓄水后位于水面以下）	无保温	−23.6	16.1	8.4	最大应力、最大温度梯度及坝面最低温度出现在 2007 年冬季。在 2008 年大坝蓄水后本区域位于水下
	4.0	3.5	6.6	4.3	
	6.0	7.6	5.3	3.6	
	8.0	10.5	4.5	3.1	
	10.0	12.5	3.5	2.8	
非约束区上游坝面（蓄水后位于水面以上）	无保温	−24.5	14.7	10.7	施工期及运行期均位于水面以上
	4.0	−6.8	7.6	4.3	
	6.0	−3.6	6.3	2.9	
	8.0	−1.3	5.3	1.6	
	10.0	−0.1	4.7	1.3	

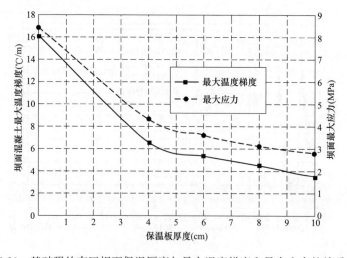

图 3-10   基础强约束区坝面保温厚度与最大温度梯度和最大应力的关系曲线

对于非约束区坝面混凝土，因为位于水面以上，跟空气接触，随外界气温变化，温度变幅较大。保温后坝面混凝土应力最大值出现在第一个冬季，主要原因是第一个冬季坝面的温度梯度最大。而坝体表面的最低温度并不出现在第一个冬季，而是在每年冬季逐渐降低，如保温后（4cm 厚 XPS 板）第一年冬季最低温度约为 4℃，第二年冬季最低温度约为 0.5℃，第三年冬季最低温度约为 −2.5℃，第四年冬季最低温度约为 −3.5℃，经过 15 年后，最低温度基本稳定在 −8℃左右。另外，保温板厚度每增加 2cm，非约束区混凝土坝面混凝土最大温度梯度可削减 0.6~1.3℃/d，最大应力可削减 0.3~1.4MPa，但随着保温厚度的增加，削减坝面温度梯度和应力的效果逐渐降低。非约束区坝面保温厚度与最大温度梯度和最大应力的关系曲线见图 3-11。

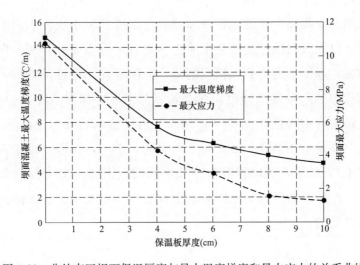

图 3-11　非约束区坝面保温厚度与最大温度梯度和最大应力的关系曲线

另外，保温对混凝土表面温度年变幅的削减效果是非常显著的：如不保温时，坝面混凝土年变幅约为 50℃，施加 4cm 厚 XPS 板保温后，坝面混凝土年变幅约为 23℃；施加 6cm 厚 XPS 板保温后，坝面混凝土年变幅约为 20℃；施加 8cm 厚 XPS 板保温后，坝面混凝土年变幅约为 16℃；施加 10cm 厚 XPS 板保温后，坝面混凝土年变幅约为 14℃。

五、小结

本节通过三维有限元仿真计算研究了浇筑温度、一期通水冷却、表面保温单项措施对严寒地区碾压混凝土重力坝的影响敏感性。研究结果表明：

（1）在基础强约束区，温度应力对浇筑温度更加敏感，浇筑温度每降低 1℃，最高温度约降低 0.5℃，温度徐变应力约降低 0.1MPa；而在基础弱约束区，浇筑温度对应力的影响不及基础强约束区的一半，这说明在基础强约束区，应加强浇筑温度的控制，而在弱约束区可适当放宽对浇筑温度的要求，以节约温控费用。

（2）一期通水冷却对控制坝体混凝土最高温度效果显著。与不通水比较，通水冷却后最高温度可降低 3～5℃，出现的时间提前 2～3d。通水温度每降低 3℃，最高温度降低 0.3～0.7℃，且二级配比三级配效果明显。另外，通水冷却可显著降低基础强、弱约束区混凝土温度应力：通水 18℃时相较不通水情况最大温度应力降低了 0.7～1.0MPa。布设冷却水管以后，冷却水温每降低 3℃，混凝土最大应力约下降 0.1MPa。

（3）保温对于提高严寒地区冬季坝体表面温度、减小坝体表面附近混凝土的温度梯度，进而改善坝体表面温度应力，具有十分重要的作用。保温后相对于未保温方案，坝面应力得到大幅度削减，但随着保温厚度的增加，削减坝面温度梯度和应力的效果逐渐降低。在基础强约束区，保温板厚度每增加 2cm，坝面混凝土最大应力可削减 0.3～0.7MPa（后期蓄水后在水下）；对于非约束区，保温板厚度每增加 2cm，最大应力可削减 0.3～1.4MPa（施工期及运行期均在水面以上）。可见，表面保温对全坝坝面附近混凝土应力控制都是非常重要的。因此，在严寒地区浇筑碾压混凝土重力坝，对大坝上、下游面全部进行永久保温是必要的。

第三节　基础固结灌浆盖板裂缝成因分析及温度应力研究

一、裂缝成因分析

为了对大坝坝基进行固结灌浆，通常先在坝基浇筑 3m 厚的基础固结灌浆的盖板。从结构上来看，这是一"长而宽"的板状结构，顺水流方向可达几十米，垂直水流方向 15～20m，而高度只有 3m。2007 年施工初期，新疆严寒地区某碾压混凝土坝坝基固结灌浆的盖板上出现了一些温度裂缝，这些裂缝可归结为表面裂缝及深层裂缝两类。为了分析裂缝成因及研究盖板温度应力，模拟了盖板实际施工情况及实际边界条件，并采用实测气温进行了仿真计算研究，混凝土表面及内部典型点温度及应力变化过程线分别如图 3-12 和图 3-13 所示。

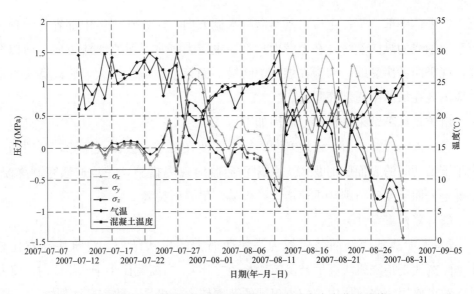

图 3-12 36 号坝段盖板表面混凝土温度及应力变化过程线

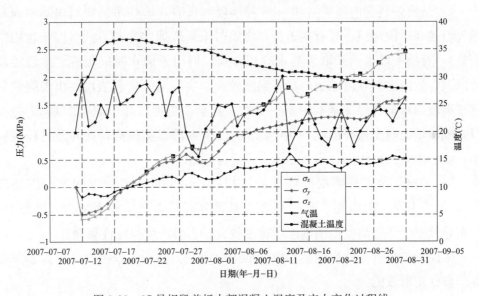

图 3-13 37 号坝段盖板内部混凝土温度及应力变化过程线

（1）从图 3-12 可以看出：在 7 月 27～30 日的降温过程中（气温由 28℃下降到 15.5℃），由于浇筑块表面未进行临时保温，受气温骤降的"冷击"作用，表面混凝土应力迅速增长至 1.2MPa 左右，超过混凝土允许拉应力，从而导致表面裂缝的出现，但裂缝深度不大，实测约 10cm。

（2）从图 3-13 可以看出：盖板内部混凝土应力与温度变化呈现负相关关系，即随着温度的下降，应力逐渐增长，在超过混凝土抗拉强度后出现深层裂缝。与坝体不同部位应力分布规律是相对应，出现的深层裂缝主要有两种形态：在坝体中部，第一主应力基本沿顺水流方向，所以在坝体中部容易出现平行于坝轴线的纵向裂缝；在上游面，第一主应力基本沿垂直水流方向，所以容易出现竖向劈头裂缝，因为在坝体中间横剖面第一主应力最大，所以劈头裂缝一般出现在坝体中横剖面附近。

由仿真计算结果分析裂缝成因如下：

（1）表面裂缝。由于当地寒潮频繁，即使在夏季也会出现寒潮，必须做好全年施工期间的表面临时保温。如果没有临时保温措施，一旦遭遇寒潮降温，混凝土表面温度应力则会迅速增大，极易产生表面裂缝。

（2）盖板贯穿性裂缝：

1）大坝基础固结灌浆盖板为一块薄而大的板状结构，浇筑块高宽比较小（高宽比是指浇筑块高度与浇筑块长边之比）。当高宽比小于0.125时，受基础强约束作用，浇筑块内拉应力出现的范围较大，极易导致贯穿性裂缝。

2）从出现裂缝的盖板（36～38号坝段）来看，这些薄层浇筑块基本在夏季气温较高时段浇筑，且有些盖板在浇筑时未采取通水冷却方式（因干扰固结灌浆），有些坝段虽然采取了通水冷却方式，但由于通水时间较晚、水温较高等原因，致使这些坝段盖板内最高温度较高，实际监测资料表明，出现裂缝的这些坝段盖板最高温度基本在35～40℃，甚至个别坝段高于40℃（如37号坝段基础填塘混凝土最高温度约为44℃）。由于内部温度较高，在降温过程过程中，受基础强约束作用，很容易产生贯穿性裂缝。

3）基础灌浆盖板混凝土浇筑后进行较长时间的间歇（期间进行固结灌浆），如表面保温不理想，遭遇外界气温骤降时，会产生较大的内、外温差，从而导致整个垫层高度范围内温度梯度较大，容易产生贯穿性裂缝。

因此，盖板贯穿性裂缝是其板状结构温度应力特点、最高温度较高、寒潮等综合作用形成的。

二、相关建议

根据上述分析，在本地区今后类似工程施工中，建议采取如下措施：

（1）对严寒地区的基础固结灌浆盖板，必须做好施工期临时保温，这对防止盖板表面裂缝和深层贯穿性裂缝具有重要的作用。

（2）对于严寒地区而言，原则上基础垫层混凝土应尽量选择在气温较低的4、5月份进行浇筑，以避免较高的浇筑温度和外界气温。

（3）如果根据工期安排，如必须在气温较高的夏季浇筑基础垫层，则应尽量避免在高温时段（中午时段）浇筑混凝土，并必须采取一期冷却方式进行"削峰"，同时对混凝土采取"保温被＋喷淋"方式进行养护。

值得注意的是，在夏季浇筑盖板混凝土时，采用水管冷却对混凝土盖板降温，并非通水时间越长越好。因为，根据仿真计算结果，如对这部分区域混凝土降温过快，受基础强约束作用，应力上升很快，很可能在水管冷却降温过程中就可将浇筑块拉裂。所以，冷却通水时间应根据现场冷却水流量、水管间距、水温等通过仿真计算确定。

（4）建议在后续类似工程的施工中，把基础浇筑层厚度由 3m 加厚至 5～6m，提高浇筑块的高宽比，进一步防止裂缝的出现。如东北地区的白石水库大坝，同样是在秋季浇筑的基础垫层块，较厚的浇筑块比较薄的浇筑块裂缝出现的几率小得多。

第四节　夏季高温期浇筑温度

一、根据实测的入仓温度推算浇筑温度

根据相关文献，在夏季高温期（6～8 月份），碾压混凝土实际施工时，3.0m 厚的浇筑层还要再分为若干铺筑薄层，本工程铺筑薄层厚度为 0.3m，3.0m 厚的浇筑层要分为 10 层铺筑。

浇筑温度等于入仓温度加上由于浇筑时外界气温和太阳辐射引起的混凝土回升温度。可按式（3-1）计算混凝土浇筑温度：

$$T_p = T_1 + (T_a + R/\beta - T_1)(\phi_1 + \phi_2) \tag{3-1}$$

式中　T_p、T_1、T_a——分别为浇筑温度、入仓温度及气温；

　　　　R、β——分别为太阳辐射热、表面放热系数；

　　　　ϕ_1、ϕ_2——分别为平仓前、后的温度系数。

对于本工程，根据实测的入仓温度、日平均气温等推算高温期浇筑温度如表 3-6 所示。

表 3-6　　　　　　　　　夏季高温期（6～8 月份）浇筑温度估算表

月份	平均入仓温度（℃）	日平均气温（℃）	R/β（℃）	平仓以前温度系数 ϕ_1	平仓以后温度系数 ϕ_2	推算的浇筑温度（℃）	入仓后热量倒灌（℃）
6	16	23	12.25	0.03	0.15	19.5	3.5
7	18	24	11.93	0.03	0.15	21.2	3.2
8	17	22	10.45	0.03	0.15	19.8	2.8

根据工地现场的实测资料推算得到 6、7、8 月份高温期平均浇筑温度为 19.5℃、21.2℃和 19.8℃。

二、现场实测的浇筑温度

表 3-7 给出了 2007 年高温期施工现场实测浇筑温度统计表。

表 3-7   2007 年高温期实测浇筑温度统计

日期	仓面气温（℃）		浇筑温度（℃）	
	日均值	最大值	日均值	最大值
2007 年 7 月 10 日	28.1	31	20.2	21
2007 年 7 月 11 日	27.2	34	20.2	23
2007 年 7 月 12 日	21.3	25	19.9	21
2007 年 7 月 17 日	25.4	28	22.0	24
2007 年 7 月 21 日	26.8	37	19.8	25
2007 年 7 月 22 日	26.6	34	20.9	24
2007 年 7 月 27 日	26.8	32	19.4	22.5
2007 年 7 月 28 日	18.7	22	19.4	21
2007 年 7 月 29 日	18.8	19	18.0	18
2007 年 8 月 2 日	26.9	30	18.9	21.5
2007 年 8 月 3 日	26.7	31.5	18.6	22
2007 年 8 月 4 日	23.2	25	17.7	19
2007 年 8 月 6 日	22.5	29	19.0	21
2007 年 8 月 7 日	20.0	20	20.0	20
2007 年 8 月 8 日	24.8	28	18.0	19
2007 年 8 月 9 日	24.0	33	19.2	24
2007 年 8 月 10 日	23.9	33	20.1	24
2007 年 8 月 11 日	26.0	26	20.0	20
2007 年 8 月 12 日	18.6	21	19.1	21
2007 年 8 月 13 日	18.8	26	19.2	22
2007 年 8 月 17 日	19.7	29	19.5	21
2007 年 8 月 18 日	18.0	20	17.7	18
2007 年 8 月 19 日	20.3	27	17.9	21
2007 年 8 月 20 日	22.1	25	17.4	19
2007 年 8 月 21 日	22.0	24	17.6	19
2007 年 8 月 22 日	17.5	20	17.5	19.5
2007 年 8 月 23 日	15.5	16	16.8	17
2007 年 8 月 25 日	27.5	29	17.0	18.0

从表 3-7 可以看出：在 7、8 月份，混凝土日实测的平均浇筑温度在 16.8～22.0℃之间。从实际测得的浇筑温度可以看出：严寒地区夏季气温较高时段，由于气温较高，太阳辐射强烈，浇筑温度控制在 17℃以下难度较大。

根据 K 坝 2007 年浇筑块现场实测资料，在 2007 年施工期现有设备及混凝土预冷措施的基础上，施工期各月平均浇筑温度如下：4 月份浇筑温度为 10～13℃；5 月份浇筑温度为 15～18℃；6～8 月份浇筑温度为 18～22℃；9 月份浇筑温度为 15～16℃；10 月份浇筑温度约为 9℃。可以看出：从 5 月下旬至 8 月底，混凝土浇筑温度较高。

第五节　夏季高温期浇筑仓面喷雾的保湿降温作用

为了解严寒地区夏季空气干燥情况，对大坝浇筑现场的湿度进行了监测，发现一天内的环境湿度波动很大，最低为 10%～20%，最高达 50% 以上。一天内湿度与温度呈现显著负相关性，即温度越高，湿度越低；温度越低，湿度越高。具体变化情况如下：13：00～19：00，空气相对湿度最低，在 20% 以下；19：00～24：00，空气相对湿度在 20%～30%；次日 00：00～13：00，空气相对湿度在 40% 以上，其中 05：00～08：00 最高，可达 50% 以上。

本大坝在夏季施工期间气温较高，现场曾观测的最高瞬时气温达 40℃（2008 年 8 月 10 日 17：00），且本地区夏季高温期太阳辐射强烈，月均太阳辐射超过 $700MJ/m^2$。为了降低空气干燥对混凝土干缩的影响，在大坝夏季施工期采取了仓面喷雾措施。仓面喷雾的主要作用是在混凝土摊铺、碾压过程中，通过喷雾器喷雾来改善浇筑仓面局部小气候。本工程采用的是管式喷雾器，成雾范围较大，可达 5～20m，成雾细密，每 $1000m^2$ 配备一支手持式喷雾枪。工地现场实测资料表明，仓面喷雾具有一定的降温增湿效果：仓面喷雾可降低仓面外界气温 3～4℃，且温度降低的幅度与风速密切相关。同时，具有重要的改善仓面湿度的作用，采用手持式喷雾枪，作业仓面的相对湿度可达到 40% 以上。

第六节　"覆盖聚乙烯保温被＋喷淋" 措施研究与应用

一、"覆盖聚乙烯被＋喷淋" 温控措施作用机理

夏季高温期混凝土碾压作业层收面后，采用 2cm 厚聚乙烯被进行临时保温，待混凝土初凝后立即采用喷淋机（水束喷射半径达 30～40m）进行喷水养护，此种高温期温控措施称为"覆盖聚乙烯被＋喷淋"方式。本措施为国内第一次在严寒地区碾压混凝土重力坝温控措施中采用，其作用机理如下：喷淋可

增加环境湿度，并降低仓面气温；喷淋可在聚乙烯被上面形成一层水膜，在夏季高温时段可起到隔热作用；水膜的流动水膜客观上起到了表面流水作用，可把混凝土表面的一部分热量带走；2cm 厚聚乙烯被可起到临时保温作用，防止夏季寒潮来临时对混凝土冷击产生表面裂缝。

此措施在夏季高温时段起降温作用，在夏家寒潮来临时起临时保温作用，比较适合严寒地区碾压混凝土夏季浇筑。

二、仿真计算结果及现场实测效果分析

为了评估此种温控措施的效果，大坝施工现场进行了跟踪监测及有限元仿真计算，结果如下：

（1）夏季高温期现场跟踪实测资料分析表明：喷淋可使 01：00 至 19：00 的空气湿度由原来的 10%～20% 提高至 40%～50%，对提高空气湿度的效果比较明显。

（2）通过对对 35～37 号坝段仓面进行跟踪检测发现：在夏季高温时段，"覆盖保温被＋喷淋"防止热量倒灌的效果显著，可使表面混凝土温度较外界气温降低 3～6℃。

（3）仿真计算结果表明，喷淋形成的表面流水措施对改善浇筑层表面附近 1.0m 厚混凝土的温度应力具有一定效果。另外，值得注意的是：对于浇筑块表面附近（浇筑表面 20cm 以内）和内部点温度及应力变化规律不同。在浇筑块内部，混凝土应力与温度变化呈明显的负相关性，即温度升高时，应力减小，温度降低时，应力增大（规定混凝土应力以拉为正，以压为负）；而在表面流水养护的混凝土表面附近（20cm 以内），混凝土应力与温度变化呈正相关性，原因是流水表面温度不变，而表面附近温度升高时，造成表面附近温差增大，即温度梯度增大，从而导致表面附近应力随温度升高而增大。

如图 3-14 所示为采用表面流水措施混凝土表面附近混凝土温度应力变化过程。

三、严寒地区大坝夏季施工"覆盖聚乙烯被＋喷淋"温控措施效果分析

严寒地区的夏季，由于太阳辐射强烈和空气干燥的原因，气温也比较高，从而导致混凝土浇筑温度较高，产生的最高温度较高。因此，为了控制混凝土的最高温度防止坝体深层裂缝的出现需要混凝土表面尽早散热降温；另一方面，严寒地区寒潮频繁，即使气温较高的夏季寒潮也经常出现，为防止表面裂缝又需要对坝体表面进行临时保温，这就阻滞了早期混凝土的热量散发。

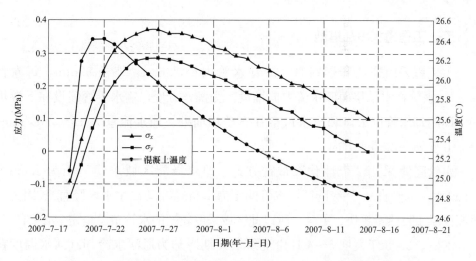

图 3-14 采用表面流水措施混凝土表面附近混凝土温度应力变化过程

通过采用"覆盖聚乙烯被＋喷淋"的措施可以很好地解决夏季浇筑混凝土表面散热和临时保温防止寒潮的矛盾。高温时段（一般是夏季下午的 01：00～05：00）喷淋后的水将聚乙烯保温被浸湿，并在被上形成一层水膜，实质对混凝土表面起到了流水养护作用。一方面可以防止混凝土干缩和热量倒灌，并带走一部分混凝土产生的热量，对控制混凝土温度上升过快有一定作用；另一方面寒潮来临时，干燥后（停止喷淋后，聚乙烯被能很快干燥）的聚乙烯被又可起到临时保温作用，防止表面裂缝的出现，因此比较适合严寒地区夏季浇筑大坝混凝土使用。

第七节 水管一期通水冷却降温

一、通水冷却降温的控制标准

采用水管通水对混凝土进行冷却是碾压混凝土高温季节施工经常采用的措施，一期冷却通水的目的主要是"削峰"，即控制混凝土浇筑后的最高温度，从以往工程经验及计算分析结果来看，效果是显著的。对于一期通水冷却，综合以往工程经验，一期通水冷却一般要满足以下条件：

（1）混凝土在此期间降温幅度不超过 6～8℃。

（2）混凝土冷却速度不超过 1℃/d。

（3）一期冷却时间控制在 15～20d。

（4）混凝土温度与水管进口水温之差不超过 20℃。

二、工程通水冷却措施

本工程采用聚乙烯塑料管，冷却水管内径 28mm、外径 32mm，每卷长200m。水管在水平层面顺水流方向铺设，为操作方便，输水干管铺设在下游坝面，即冷却水管进水口和出水口都在下游坝面处。通水流量为 15～20L/min，每 24h 变换一次通水方向。

水管间距采用"个性化"布置方式，即二级配区域水管间距为 1.0m×1.5m(水平×竖直)，三级配区域水管间距为 1.5m×1.5m(水平×竖直)。因为二级配混凝土发热量更快、更高，所以此区域采取较密的水管布设是完全必要的。

2007、2008 年大坝 6～8 月份浇筑块一期冷却为通河水冷却（河水温度在17℃左右），通水开始时间为浇筑完成后 1d，通水持续时间为 15d。因为 2007年浇筑块位于基础强约束区，从仿真计算结果和实际监测资料来看，2007 年一期冷却通水时间不宜过长，时间不宜超过 20d，否则，如果通水时间过长，混凝土温度下降较快，受基础强约束作用，很可能使混凝土内部应力超标。

三、通水冷却效果仿真计算与实测数据比较

从仿真计算结果（见图 3-15 和图 3-16）来看：高温期浇筑的混凝土在通水前 5d 左右，因为管内流水带走的热量小于 RCC 绝热温升产生的热量，故混凝土温度在升高，大约在浇筑后 5d 达到最高温度，然后温度开始下降。在通水7～15d，混凝土温度下降速率二级配区域约为 1.0℃/d，三级配区域约为0.8℃/d；在通水 15～21d，混凝土温度下降速率二级配区域约为 0.5℃/d，三

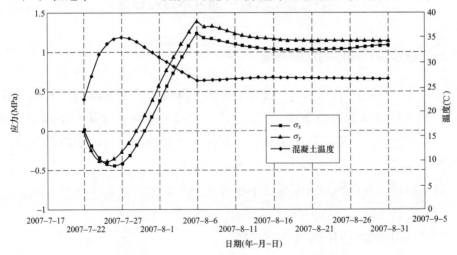

图 3-15　采用水管一期冷却二级配混凝土典型点温度应力变化过程

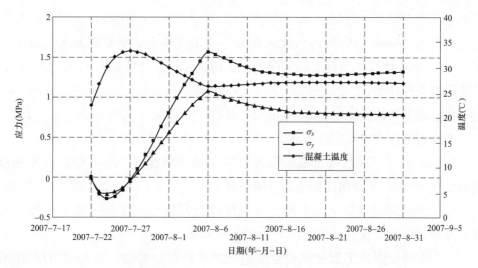

图 3-16 采用水管一期冷却三级配混凝土典型点温度应力变化过程

级配区域约为 0.4℃/d。另外，计算结果表明：与不通水比较，通水冷却可将最高温度降低 5℃左右。

监测资料表明：通水开始后，混凝土温度在逐渐升高，5～7d 后达到最高温度，然后开始降温。刚开始通水时，二级配区冷却水管周边（0.75m）的混凝土平均温度为 34.64℃，冷却水管附近（0.1m）混凝土平均温度为 25.05℃，温差为 9.59℃；三级配区冷却水管周边（0.75m）的混凝土平均温度为 31.64℃，冷却水管附近（0.1m）混凝土平均温度为 22.10℃，温差为 9.54℃。温差的存在说明，冷却水管在吸收坝体混凝土热量、削减温度峰值作用显著。另外，实测数据还表明，一期冷却可降低混凝土内部温度 4.4℃左右，对降低混凝土内部温度作用显著。

可见，考虑水管冷却效果的理论计算温度和实测温度变化规律是完全一致的，计算得到的"削峰值"与实测值相差不大，表明计算结果可用来评价水管冷却效果。

第八节 上、下游面永久保温

一、不考虑永久保温的仿真计算

（一）计算边界条件

K 坝自 2007 年开始浇筑，2007 年浇筑块主要位于地面以下，上、下游面可通过填土进行永久保温。但自 2008 年 4 月份以后，浇筑块位于原地面线以上，必须考虑粘贴 XPS 板进行永久保温，为了评估上、下游面永久保温的作用，对 2008 年浇筑块不保温的情况进行了仿真计算。计算采用 31 号典型坝段，计算边界条件如下：

（1）地基初始温度采用 31 号坝段 4 月份实测地温。

（2）横缝面按绝热边界考虑。

（3）2007 年浇筑混凝土的浇筑温度取现场实测数据，2008 年混凝土的浇筑温度参考 2007 年同旬混凝土的浇筑温度。

（4）2007 年浇筑块上、下游面在浇筑以后回填填土以前覆盖 2cm 厚聚氨酯泡沫被进行临时保温，按第三类边界条件考虑。

（5）浇筑层面采用 2cm 厚聚氨酯泡沫被进行临时保温，在 4～9 月份采取"喷淋"方式养护。在 4、5、6～8 月份及 9 月份"喷淋"水温分别是 15℃、18℃、24℃及 18℃。

（6）2007 年、2008 年 5～10 月份浇筑的混凝土进行一期通河水冷却，通水开始时间为浇筑完成后 1d，通水持续时间为 15d。其中，二级配区域水管冷却：冷却水管采用高强度聚乙烯管，每卷长 200m，通水流量为 15～20L/min，通水方向每天倒换一次，采用河水进行冷却，二级配区域混凝土水管间距采用 1.5m×1.0m 布置，在坝体内部采用 1.5m×1.5m 布置。

（7）对 2007 年 6～8 月份浇筑的混凝土在 2007 年 10 月 1～15 日通河水进行二期冷却。

（8）2007 年浇筑块，上游面第一次填土时间为 2007 年 10 月中旬，对 10 月中旬前已浇混凝土上游面粘贴 5cm 厚 XPS 板后再回填坡积物保温；2007 年 10 月下旬混凝土浇筑完成后，上游面回填坡积物至 645.0m 高程。另外，645.0m 高程以下 2m 范围的上游面粘贴 10cm 厚 XPS 板进行保温。

（9）2007 年浇筑块越冬顶面采用 24cm 厚棉被进行保温，等效放热系数为 15.37kJ/（m²·d·℃）；下游面采用 10cm 厚 XPS 板进行保温。

（10）2007 年越冬顶面保温被的揭开时间为 2008 年 4 月 15 日。另外，为了减小 2007 年越冬面附近上下层温差，对 2008 年 4 月份浇筑的混凝土也采用一期冷却。

（11）2007 年 10 月～2008 年 9 月之间地下渗水温度见表 3-8；2008 年 9 月份蓄水以后水温取规范规定的库水温计算。

（12）2008 年浇筑块不采取永久保温和越冬面保温措施。

表 3-8　　　　　　　　　　　　　地下渗水各月温度统计表

月份	10	11	12	1	2	3	4	5	6	7	8	9
水温（℃）	7.0	5.0	5.0	5.0	5.0	5.0	7.0	9.4	13.5	17.3	17.2	12.0

（13）计算时段为 2007 年 4 月 20 日～2009 年 3 月 31 日。其中，4 月 20 日～12 月 4 日气温取 2007 年现场实测日平均气温，其他时段气温参考 2006 年现场实测日平均气温。

（14）第一次蓄水时间为 2018 年 9 月 30 日。

计算模型如图 3-17 所示。

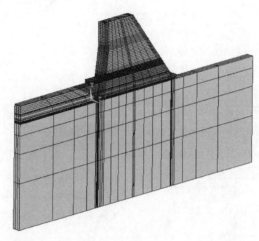

图 3-17　31 号坝段浇筑块三维计算模型图（2007 年浇筑块上游回填填土后）

（二）计算结果分析

如图 3-18～图 3-20 所示为仿真计算得到的三个方向分应力 σ_x、σ_y、σ_z

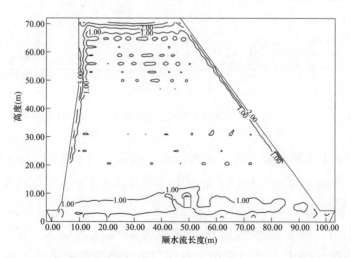

图 3-18　31 号坝体中横剖面最大顺水流方向水平应力 σ_x 包络图（MPa）

的最大应力包络图，可以看出：若 2008 年浇筑混凝土不做永久保温及越冬面保温过冬，则高应力区出现在 2008 年浇筑混凝土的上、下游面及越冬表面附近，最大应力超过 5.0MPa，出现最大应力的时间不同部位有不同规律。

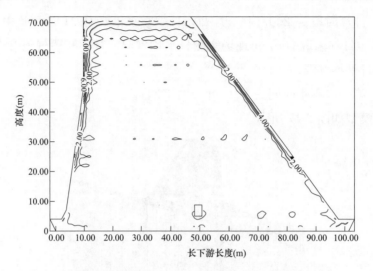

图 3-19　31 号坝体中横剖面最大顺水流方向水平应力 σ_y 包络图（MPa）

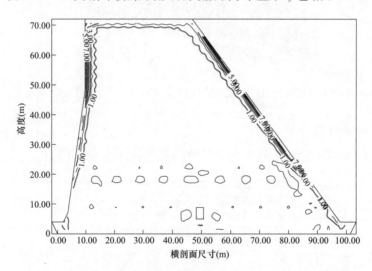

图 3-20　31 号坝体中横剖面最大顺水流方向水平应力 σ_z 包络图（MPa）

（1）2008 年浇筑混凝土的上游面，垂直水流方向水平应力 σ_y 及竖直应力 σ_z 较大。在 2008 年蓄水水位以下混凝土应力最大值出现在蓄水初期（10 月上、中旬）如图 3-21 和图 3-22 所示，主要原因是由于上游面没有保温层，在蓄水以后混凝土内、外温差较大，从而导致上游面应力较大，最大值可达到 4.0MPa。但在 2008 年越冬过程中，水面以下这部分混凝土应力并不大，主要原因是蓄水后，水对上游面起到了"保温"作用，但应力数值也在 3MPa 左右。从应力超标范围来看，在水位以下上游面混凝土应力超标深度约为 2.0m。

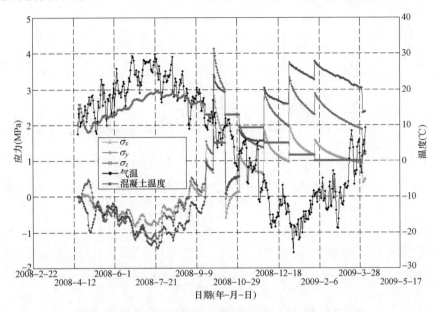

图 3-21 水面以下上游表面典型点温度及应力变化过程线

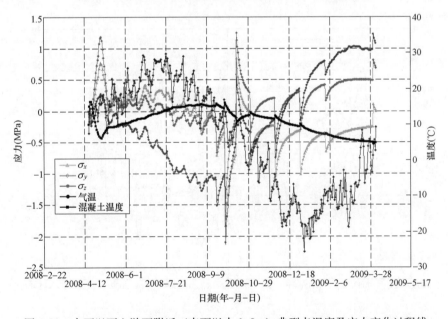

图 3-22 水面以下上游面附近（表面以内 1.8m）典型点温度及应力变化过程线

（2）在蓄水水位以上上游面，最大应力数值超过 5.0MPa，如图 3-23 和图 3-24 所示。因此，上游面如不覆盖保温被，会出现竖向劈头裂缝及水平裂缝。而一旦出现裂缝，在蓄水至正常蓄水位以后，在上游水力的劈裂作用这些裂缝会进一步发展，形成危害较大的深层裂缝。从应力超标范围来看，在水位以上上游面混凝土应力超标深度约为 3.5m。

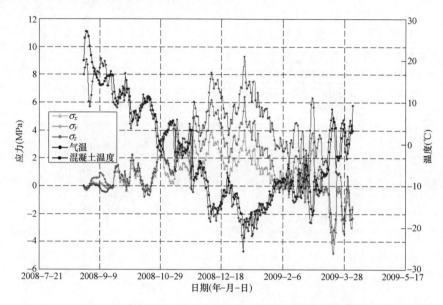

图 3-23 水面以上上游表面典型点温度及应力变化过程线

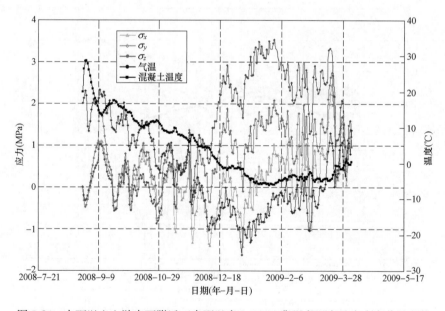

图 3-24 水面以上上游表面附近（表面以内 1.5m）典型点温度及应力变化过程线

（3）在 2008 年浇筑混凝土的整个下游面上，垂直水流方向水平应力 σ_y 及竖直应力 σ_z 较大，如不覆盖保温被，很可能出现竖向裂缝及水平裂缝。另外，在 2007 年越冬面下游附近，应力相比下游面其他部位更大，其中 σ_z 应力最大，如图 3-25 和图 3-26 所示，会出现水平裂缝。从应力超标范围来看，下游面混凝土应力超标深度为 3.5～4.0m。

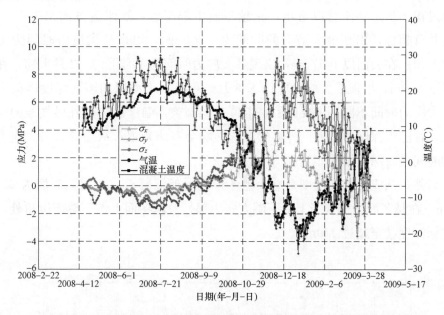

图 3-25　下游表面（2007 年越冬面附近）典型点温度及应力变化过程线

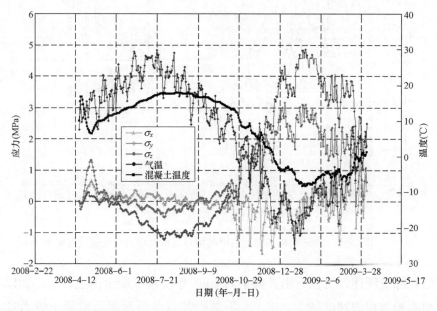

图 3-26　下游表面以内 1.0m（2007 越冬面附近）典型点温度及应力变化过程线

（4）在 2008 年越冬顶面及其附近，可以看出应力分布规律是：越靠近越冬面中部（指上、下游方向中部），顺水流方向水平应力 σ_x 越大，越靠近上、下游面,垂直水流方向水平应力 σ_y 及竖向应力 σ_z 越大。如图 3-27 和图 3-28 所示为未覆盖保温被时越冬面中部(指上、下游方向中部)附近典型点温度及应力变化过程。从这些图可以看出,在越冬面中部附近,顺水流方向水平应力 σ_x 最大并且超标,出现最大应力的时间为:在表面,出现最大应力时间为 1 月中、下旬;在表面以下 1.5m,出现最大应力时间为 1 月下旬、2 月上旬;在表面以下 3.0m,出现最大应力时间为 3 月。可见,表面以内不同深度混凝土出现最大应力时间不同,主要原因是未覆盖保温被,温度应力受外界气温的变化很大,且随着深度的增加,外界气温的影响会有所延迟,从而导致最大应力出现的时间随着深度增加而延后。

另外,从应力超标范围来看,越冬顶面附近混凝土应力超标深度为 2.5~3.5m。在越冬面中部(指上、下游方向中部)及越冬面上、下游面边角处,应力超标深度甚至超过 4.0m。

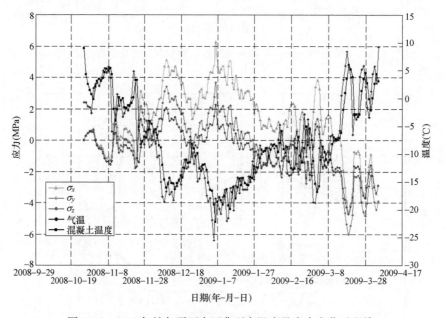

图 3-27 2008 年越冬顶面表面典型点温度及应力变化过程线

(5)综上所述,可以看出:如果对 2008 年浇筑混凝土的上、下游面以及越冬顶面不覆盖保温被就越冬,则上、下游面及越冬顶面附近混凝土应力基本全部超标,超标深度为 2.0~3.5m,个别部位(越冬顶面中部及 2007 年越冬面附近)超标深度甚至超过 4.0m。因此,在冬季越冬时,必须对大坝裸露的上、下游面及越冬顶面进行保温。

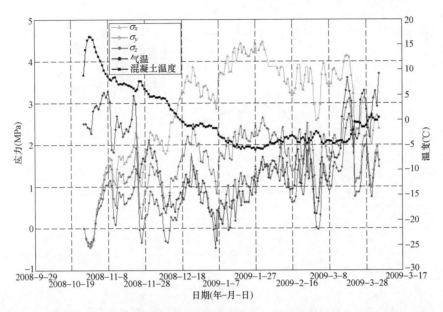

图 3-28 2008 年越冬面表面附近（越冬面以下 1.5m）典型点温度及应力变化过程线

二、关于大坝上、下游面实施永久保温时机的优化研究

从研究结果可以看出：对严寒地区碾压混凝土重力坝，其上、下游面必须实施永久保温。否则，在施工期及运行期会产生大量的裂缝。但对于施工过程中不同月份浇筑的大坝混凝土，何时实施上、下游面永久保温，从而使上、下游面附近混凝土的应力最优，也是一个需要关注和研究的问题。

为了研究这个问题，进行了多种方案的计算：在方案 5 中，2008 年浇筑混凝土上、下游面保温板在浇筑过程中粘贴，即浇筑完毕后立即粘贴保温板；在方案 6 中，2008 年浇筑混凝土上、下游面保温板在 8 月底粘贴；在方案 7 中，2008 年浇筑混凝土上、下游面保温板在 9 月底粘贴；在方案 8 中，2008 年浇筑混凝土上游面在 9 月下旬粘贴，下游面保温板在 10 月底粘贴。为了比较不同方案的优劣，对不同月份（4～10 月）浇筑混凝土上、下游面典型点在不同保温方案的温度及竖向应力 σ_z 应力变化过程线进行了分析，以下为 4、7、9 月计算结果。

（一）2008 年 4 月浇筑混凝土

从图 3-29、图 3-31 上、下游面典型点温度变化过程线可以看出：对 4 月浇筑的混凝土，如在浇筑完毕后立即粘贴保温板（方案 5），则典型点最高温度较其他后贴板方案（方案 6～方案 8）约高 0.5℃，主要原因是最高温度发生在混

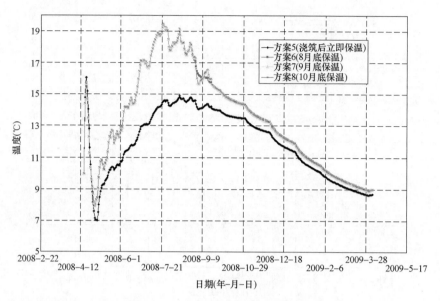

图 3-29　4 月浇筑混凝土上游面典型点不同保温方案温度变化过程线

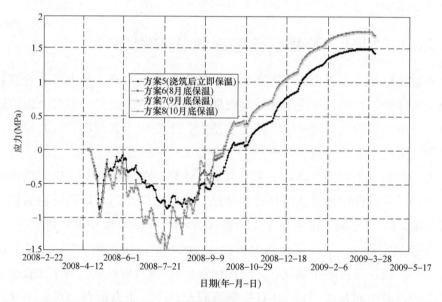

图 3-30　4 月浇筑混凝土上游面典型点不同保温方案 σ_z 应力变化过程线

凝土浇筑以后 5d 左右，这期间混凝土温度高于外界气温，混凝土向外界散热，而浇筑后立即进行永久保温使热量不易散发，从而导致最高温度较其他方案稍高。但是，在进入夏季以后，可以看出：方案 5 中典型点的温度反而较其他方案低，主要原因是在夏季，外界气温高于混凝土表面温度，热量是从空气向混凝土中传递的，即进入夏季，表面混凝土进入从外界空气中的"吸热"过程。

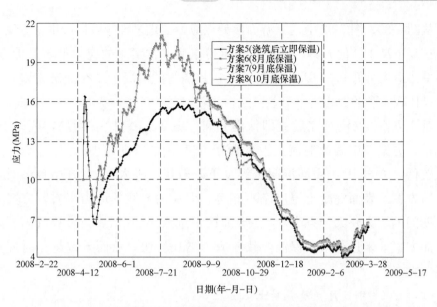

图 3-31 4 月浇筑混凝土下游面典型点不同保温方案温度变化过程线

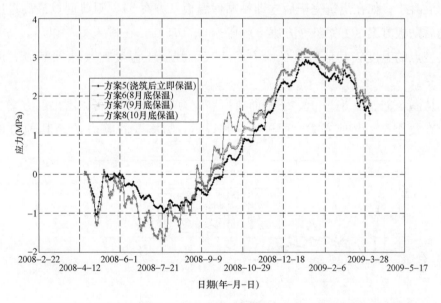

图 3-32 4 月浇筑混凝土下游面典型点不同保温方案 σ_z 应力变化过程线

这时，方案 5 中永久保温板存在降低了混凝土的"吸热"效率，从而使表面混凝土温度低于其他方案。从具体数值来看，在夏季，方案 5 表面混凝土温度比其他方案最大可低 5℃左右。

另外，从方案 5～方案 8 温度变化曲线还可以看出：不论是早保温还是晚保温，在 2008 年越冬以后，不同方案的温度逐渐趋向一致。

71

从图 3-30、图 3-32 上、下游面典型点应力变化过程线可以看出：方案 5 的应力在夏季高于其他方案，而进入 9 月份以后，方案 5 的应力低于其他方案，在冬季，最大可低 0.3MPa。可见，对 4 月浇筑的混凝土，在浇筑完毕后立即保温是比较有利的。

对比方案 5（浇筑完后立即保温）和方案 8（10 月底保温），可以看出：在夏季，方案 5 中表面混凝土温度低于方案 10，但进入 10 月后，因为外界气温较低，方案 10 中表面混凝土温度下降较快，进入 11 月开始越冬时，方案 5 与方案 8 表面混凝土温度基本相等。但从两方案的应力来看，方案 8 在越冬期间的应力要大于方案 5，主要原因是进入 10 月以后，外界气温下降较快，而方案 8 未进行永久保温，致使应力增长较快，从而导致越冬时应力较方案 5 大。

（二）2008 年 6 月浇筑混凝土

从图 3-33、图 3-35 上、下游面典型点温度变化过程线可以看出：对 6 月浇筑的混凝土，如在浇筑完毕后立即粘贴保温板（方案 5），则典型点最高温度较其他后贴板方案（方案 6～方案 8）高 0.6～0.9℃。在进入夏季以后，方案 5 中典型点的温度较其他方案低，方案 5 表面混凝土温度比其他方案最大可低 3～4℃。

从图 3-34、图 3-36 上、下游面典型点应力变化过程线可以看出：方案 5 的应力在夏季高于其他方案，而进入 9 月以后，方案 5 的应力低于其他方案。

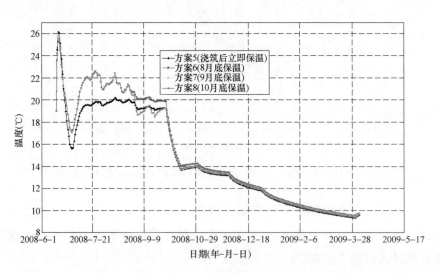

图 3-33　2008 年 6 月浇筑混凝土上游面典型点不同保温方案温度变化过程线

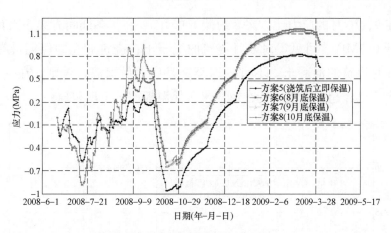

图 3-34 2008 年 6 月浇筑混凝土上游面典型点不同保温方案 σ_z 应力变化过程线

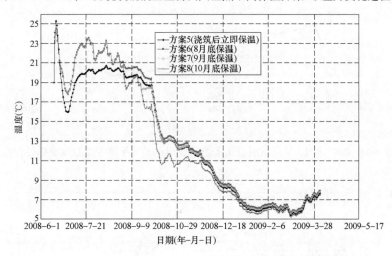

图 3-35 2008 年 6 月浇筑混凝土下游面典型点不同保温方案温度变化过程线

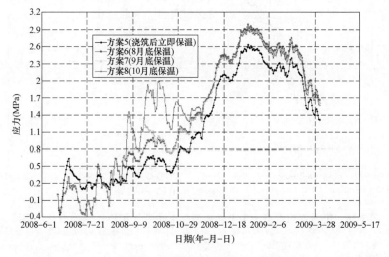

图 3-36 2008 年 6 月浇筑混凝土下游面典型点不同保温方案 σ_z 应力变化过程线

方案 5 在 9、10 月的应力比方案 8 约低 1.0MPa，在越冬期间方案 5 比其他方案应力约低 0.3MPa。可见，对 6 月浇筑的混凝土在浇筑后立即保温最有利。另外，对 6 月浇筑的混凝土，不宜延迟至 9 月底以后保温，否则，在 9、10 月，下游面应力已经超标，很可能在覆盖永久保温板前已出现裂缝。

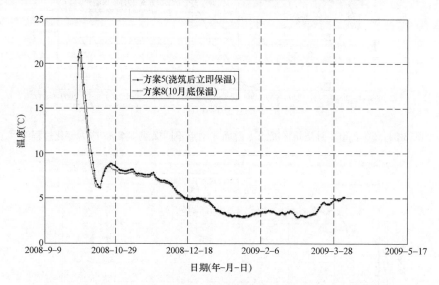

图 3-37　2008 年 10 月浇筑混凝土上游面典型点不同保温方案温度变化过程线

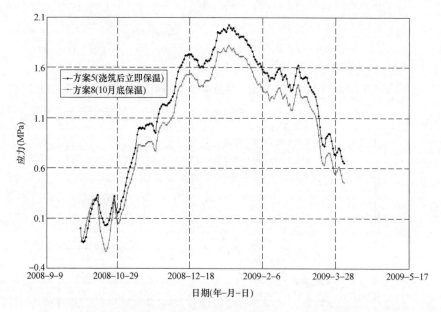

图 3-38　10 月浇筑混凝土上游面典型点不同保温方案 σ_z 应力变化过程线

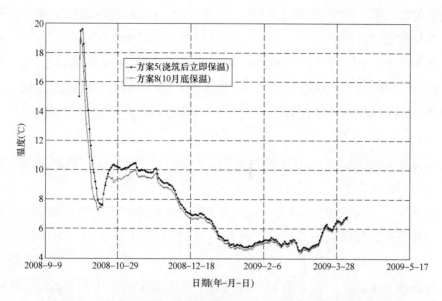

图 3-39　10 月浇筑混凝土下游面典型点不同保温方案温度变化过程线

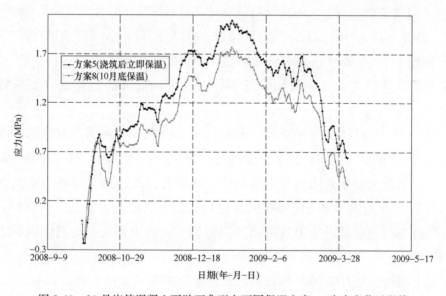

图 3-40　10 月浇筑混凝土下游面典型点不同保温方案 σ_z 应力变化过程线

（三）2008 年 10 月浇筑混凝土

从图 3-37、图 3-39 上、下游面典型点温度变化过程线可以看出：对 10 月浇筑的混凝土，如在浇筑完毕后立即粘贴保温板（方案 5），则典型点最高温度比后贴板方案（方案 8，10 月底贴板）约高 0.9℃。在 10 月，方案 5 表面混凝土的温度较方案 8 约高 0.5℃。可见，在进入 10 月以后，越晚保温越有利于混凝土热量的散发。

从图 3-38、图 3-40 上、下游面典型点应力变化过程线可以看出：方案 8（晚保温方案）的应力低于方案 5，越冬时，方案 8 比方案 5 应力低 0.2～0.3MPa，可见对 10 月浇筑的混凝土在 10 月底进行保温应力最优。

（四）小结

通过对 2008 年 4～10 月浇筑的混凝土上、下游面进行不同时间保温方案温度及应力分析可以看出：

对于 4～7 月浇筑的混凝土，虽然浇筑后立即覆盖保温被（方案 5）导致混凝土最高温度较晚保温方案稍高，最高约高 1.5℃。但是，因为在浇筑后立即覆盖了永久保温被，在夏季可以有效防止外界热量倒灌，方案 5 表面混凝土温度可较其他方案低 4～5℃，在越冬时混凝土表面温度也较其他方案低，从而导致越冬时上、下游表面混凝土温差较小，最大应力较其他方案小，最大约低 0.3MPa。可见，对 4～7 月浇筑的混凝土，最好在浇筑后尽早保温。另外，对于 4～7 月浇筑的混凝土，不宜延迟到 9 月以后再保温。因为，从多年平均气温来看，本地区进入 9 月以后，气温开始进入快速下降过程，若此时对已浇筑混凝土未进行永久保温（只进行临时保温），则上下游表面混凝土随着温度的下降应力在迅速增大，这期间如果遭遇较大寒潮，很可能会导致表面裂缝的出现。

对于 8～10 月浇筑的混凝土，温度及应力仿真分析表明：对这部分混凝土在 10 月底保温效果最好。主要原因是进入 9、10 月以后，由于外界气温较低，上、下游混凝土表面温度下降较快，如果在浇筑完后立即覆盖永久保温被（方案 5），则由于永久保温被的存在，降低了混凝土表面的散热效果，从而导致越冬时表面混凝土温度较高，温差较大，应力较大，对表面混凝土的防裂不利。

综上所述，对大坝 2008 年以后浇筑混凝土推荐的保温方案是：对 4～7 月浇筑的混凝土建议在浇筑后尽早保温，如由于施工干扰，不能立即保温，则这部分混凝土上、下游面粘贴永久保温板的时间不应迟于 8 月底；对 8～10 月浇筑的混凝土建议在 10 月底再进行永久保温。

另外，值得注意的是：对浇筑的大坝混凝土上、下游面，在进行永久保温前必须做好临时保温工作。临时保温的目的是防止本地区"无时不在"的寒潮冷击。对 4～9 月浇筑的混凝土裸露表面采用 2cm 厚聚氨酯泡沫被进行临时保温，对 10 月浇筑的混凝土裸露表面采用 3cm 厚聚氨酯泡沫进行临时保温。

三、永久保温的效果

（一）K 坝上、下游面永久保温方案

根据前面的研究成果，在严寒地区修建碾压混凝土重力坝，必须对坝体上、下游面进行永久保温。K 坝经多方案比选，最终通过仿真计算选定 XPS 板作为永久保温材料，其导热系数为 0.028 W/(m·℃)，具体的永久保温方案如下：

上游面：地面以上采用"粘贴 XPS 板（厚 10cm）"的保温防渗结构型式，其等效放热系数为 24.19kJ/(m²·d·℃)；地面以下采用"粘贴 XPS 板（厚 5cm）＋回填坡积物"的保温防渗结构型式。

下游面：采用"粘贴 XPS 板（厚 10cm）＋外涂防裂聚合物砂浆（厚 1～1.5cm）"的保温结构型式。

在采取上述保温措施后，上游面典型点温度及应力变化过程线如图 3-41、图 3-42 所示。2007 年越冬水平面下游表面点温度及应力变化过程如图 3-43 所示。

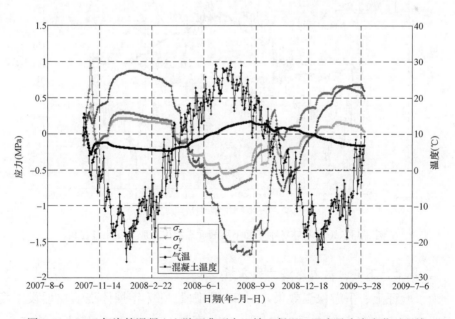

图 3-41　2007 年浇筑混凝土上游面典型点（填土保温）温度及应力变化过程线

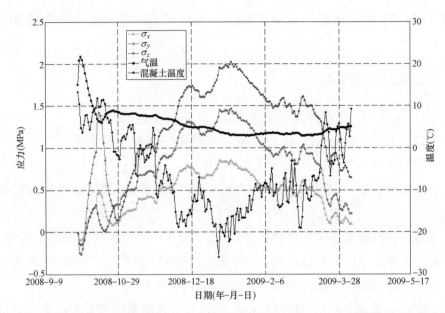

图 3-42 2008 年浇筑混凝土上游面典型点（第一次蓄水水面以上）温度及应力变化过程线

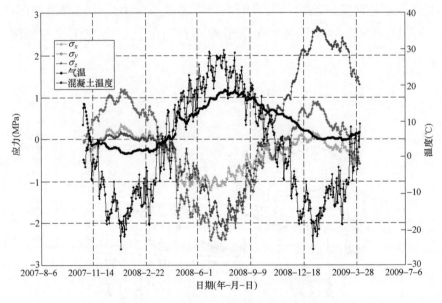

图 3-43 2007 年越冬水平面下游表面点温度及应力变化过程线

（二）上、下游面永久保温效果分析

为了验证上、下游保温效果，对 29 号坝段 2007 年坝体浇筑块埋设温度计进行监测，从监测资料来看（见图 3-44～图 3-46），在坝体基础强约束区上、下游面粘贴永久保温板后第一次过冬时（2007 年），外界气温在－20～－30℃，坝体上游表面（地面以下）混凝土温度仍然在20℃左右，上游面与越冬面拐角处温度较低，但也在5℃以上。而下游面虽然只粘贴10cm厚XPS板，表面混凝土温度在2007年冬季也在10℃以上。另外，在实施上、下游面永久保温以后，坝体内部的温度场比较均匀，即使上、下游表面的温度梯度也较小，混凝土内、外温差只有10℃左右，满足设计提出的内、外温差小于16℃的要求。以上监测温度表明，上、下游面的保温效果是显著的。

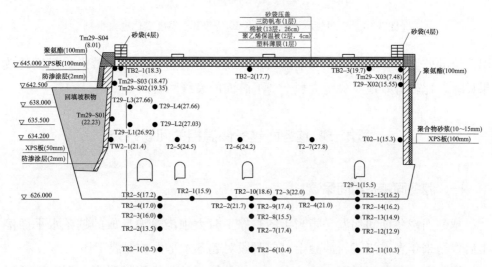

图3-44　29号坝段2008年1月22日坝体及表面温度分布示意图（日均气温－24.64℃）

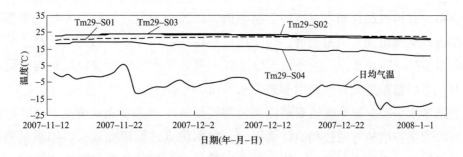

图3-45　29号坝段上游面测点2007年冬季温度变化过程线

2007年10月、2008年9月在粘贴永久保温板以前建设方组织各有关单位对大坝主河床坝段上、下游面进行了裂缝普查，除底部固结灌浆盖板（3m厚）个别坝段出现裂缝外，未发现有其他裂缝出现。

大坝于2008年9月下旬下闸蓄水，在经过2008年冬季后，2009年3月，建设方组织有关单位及专家对上游廊道进行检查，未在廊道内发现任何劈头裂缝及水平裂缝，且未见渗水现象。大坝运行以来，上游表面附近埋设的光纤测

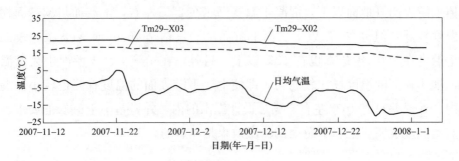

图 3-46　29 号坝段下游面测点 2007 年冬季温度变化过程线

温系统的监测资料表明，大坝上游面未发现裂缝，可见上、下游永久保温的效果显著，比较有效地解决了大坝上、下游面的裂缝问题。

第九节　越冬面越冬保温相关问题研究

一、越冬面越冬期间保温

越冬面越冬期间保温是指当年冬季停工时大坝浇筑块形成的越冬水平面停工后直至来年春季浇筑新混凝土以前时段对越冬水平面的保温工作。

越冬面越冬期间保温的目的有二。一是控制越冬面附近混凝土在冬季低温时段内、外温差，防止越冬期间在越冬面上出现温度裂缝。加拿大的雷威尔斯托克坝、我国的观音阁坝就曾因为越冬面保温能力不足，导致两个坝三个越冬面在越冬期间出现了大量裂缝。二是通过对越冬面保温，对已浇筑混凝土块进行保温蓄热，防止冬季混凝土块温度下降太多，导致来年新浇混凝土与老混凝土上、下层温差过大，从而引起越冬水平面的开裂。

越冬水平面保温厚度需要根据当地的气候情况和大坝浇筑情况、浇筑过程中采取的温控措施等通过仿真计算得到。根据仿真计算研究成果，如果只满足越冬期间越冬面应力不超标，则根据工地现场近几年的冬季温度变化情况，只覆盖 20cm 棉被即可。但要想严格控制上、下层温差，确保来年越冬面附近新浇混凝土不出现水平裂缝，则需覆盖 26cm 厚棉被。

如图 3-47 所示为越冬层面三级配混凝土越冬期间及来年浇筑新混凝土后温度及应力变化过程线。

根据仿真计算成果，在具体实施越冬面保温时，大坝最终采用的方案如下：

坝体水平层面：在越冬水平层面上铺设一层塑料薄膜（厚 0.6mm），然后

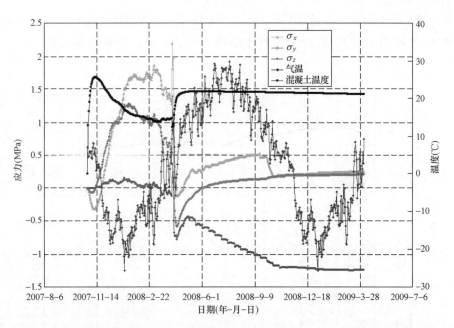

图 3-47　越冬层面三级配混凝土越冬期间及来年浇筑新混凝土后温度及应力变化过程线

在其上面铺设两层 2cm 厚的聚乙烯保温被，再在上面铺设棉被，保温被总厚度不小于 26cm，最后在顶部铺设一层三防帆布。

上下游面顶部（腰带）保温：越冬面与上、下游表面交接的"拐角"处，因为存在"双向散热"的问题，在冬季温度下降快，进行重点加以保护。在越冬面以下 2.6m 范围内，于上、下游面保温的基础上再喷涂 5cm 厚聚氨酯硬质泡沫。

二、遭遇极端低温时越冬面保温效果评估

为了评估 26cm 厚棉被的保温效果，模拟了当地历史上在冬季遭遇 $-40℃$ 低温且持续 10d 的极端低温情况，仿真计算了越冬面上游面、上游二级配和中间三级配区域温度及应力变化过程，计算结果如下：

对越冬面上游拐角处，遭遇 $-40℃$ 低温时降温速率较快，经历低温的 10d 内降温速率为 $0.18\sim0.49℃/d$，且前三天的降温速率明显高于后面 7d 降温速率。从应力变化过程来看，混凝土应力随着温度的下降迅速增长，低温结束时，最大应力达到最大值，但不超过 1.0MPa。对二级配混凝土，其温度和应力变化规律与上述情况一致，且降温结束时最大应力不超过 1.0MPa，没有开裂风险。

但对三级配区域混凝土，在历时 10d 的 $-40℃$ 低温过程中，平均每天降温

速率达到 0.3℃/d，低温结束时，三级配区域大面积混凝土应力超过 1.3MPa（见图 3-48），而此时混凝土龄期不足 3 个月，存在开裂风险。

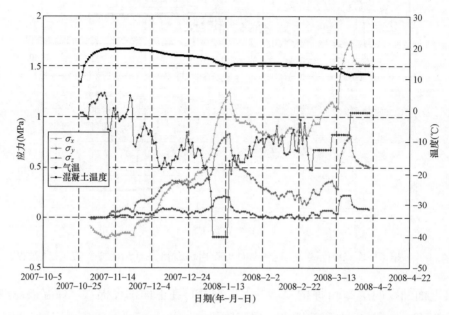

图 3-48　2007 年越冬面三级配区域典型点温度及应力变化过程线（假定遭遇极端低温）

可见，如遭遇历史上出现的极端低温情况，即使覆盖 26cm 厚棉被，越冬面中间三级配混凝土仍然存在开裂可能。

三、效果分析

为了评价越冬面保温的效果，在 26、35 号坝段 2007 年的越冬水平面埋设温度计进行了越冬期间温度监测。29、35 号坝段 2007 年越冬面温度实测资料见表 3-9。

从温度计的监测成果来看：2007～2008 年越冬期间，保温前越冬面顶面混凝土温度为−0.5～11.2℃（日均气温−1.7℃），顶面覆盖 26cm 棉被后，越冬表面混凝土温度迅速上升，覆盖越冬保温被 1～2d 后温度达到 9.4～21.8℃，保温 20d 后（11 月下旬），越冬面顶面混凝土达到最高温度，此后温度开始下降，在 2008 年 1 月下旬气温最低时（−27.5℃），越冬顶面混凝土温度基本在 15℃以上。至 2 月中旬左右越冬顶面混凝土降到最低温度，但此时温度仍然在 10℃以上。此后，随着外界气温的上升，越冬面顶面混凝土温度开始回升。

表 3-9　　　　　　29、35 号坝段 2007 年越冬面温度计实测资料

日期	坝段号	29 号（645.0m）			35 号（641.0m）		日均气温（℃）
	混凝土配级	二级配	三级配	二级配	二级配	二级配	
	测点编号	TB2-1	TB2-2	TB2-3	TB4-1	TB4-2	
	坝轴距（m）	2.0	40.0	80.0	−2.0	40.0	
	覆盖保温被时间	11 月 1 日覆盖保温被			11 月 2 日覆盖保温被		
2007 年 10 月 29 日	加保温层前温度（℃）	9.5	7.1	11.2	7.2	−0.5	−1.68
2007 年 11 月 3 日	加保温层后温度（℃）	21.8	15.7	17.0	16.5	9.4	2.19
2007 年 11 月 23 日	混凝土最高温度（℃）	25.6	21.5	22.0	21.6	16.6	3.16
2008 年 1 月 19 日	气温最低时混凝土温度（℃）	19.0	18.3	20.2	16.6	14.8	27.49
2007 年 11 月 4 日	混凝土最低温度（℃）	16.5	16.4	17.6	11.7	10.2	3.38
2008 年 4 月 8 日	揭开被子之前温度（℃）	14.0	16.3	20.1	14.0	14.5	6.35
2008 年 4 月 8 日	揭开被子之后温度（℃）	8.8	12.8	13.6	8.0	8.7	4.16
2009 年 2 月 21 日实测温度（℃）		19.8	24.8	20.3	20.9	26.0	−22.07
2009 年 10 月 23 日实测温度（℃）		16.5	24.3	16.8	16.7	22.9	5.93
2009 年 12 月 25 日实测温度（℃）		16.5	24.0	16.5	16.1	22.2	−19.22
2010 年 5 月 25 日实测温度（℃）		14.2	23.3	12.8	13.8	20.4	21.3
2010 年 9 月 10 日实测温度（℃）		13	22.8	12.1	12.8	18.8	17.0
2011 年 1 月 4 日实测温度（℃）		13.5	22.4	12.7	12.7	17.6	−32.3
2011 年 7 月 8 日实测温度（℃）		11.1	21.9	9.7	11.85	16.35	22.2
2011 年 11 月 29 日实测温度（℃）		10.7	21.45	11.85	10.9	15	−2.06

评估越冬过程中越冬面混凝土温度应力，对 29 号坝段 2007 年浇筑块浇筑的实际边界条件及温控措施进行了仿真计算。图 3-49～图 3-51 为现场实测温度

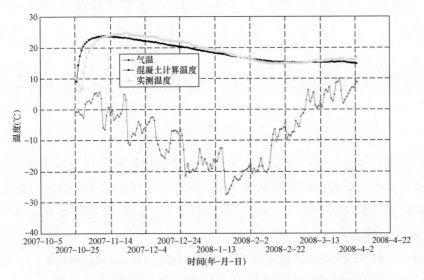

图 3-49　2007 年越冬面上游二级配混凝土实测温度与计算温度过程线

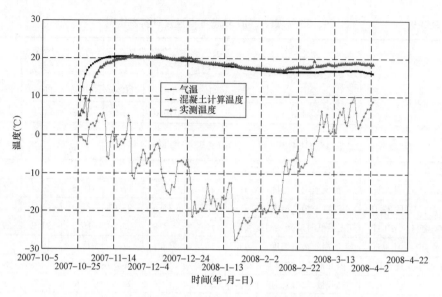

图 3-50　2007 年越冬面三级配混凝土实测温度与计算温度过程线

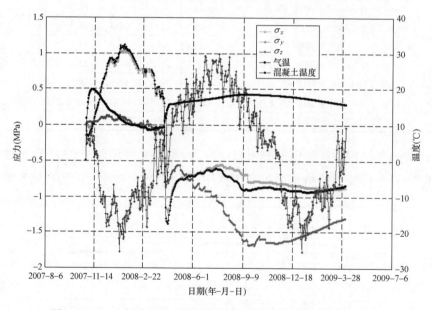

图 3-51　2007 年越冬面二级配混凝土计算温度与应力变化过程线

及计算温度过程线，从两条曲线来看：计算结果和实测结构相差不大，计算结果反映的温度变化规律与实测结果完全一致，可以反映越冬面温度的变化。

从仿真计算结果来看，在覆盖 26cm 棉被后，2007 年越冬面越冬期间应力不超标，不会开裂。

对于 2007 年越冬面，在 2008 年春节开工前揭开保温被后进行了仔细普查，未发现越冬面上有裂缝出现，表明越冬期间保温被的厚度是足够的。另外，在

2008年浇筑混凝土以后，2007年越冬面附近上、下层温差为12℃，小于设计提出的15℃控制指标，表明越冬面保温对控制上、下层温差作用显著。

为了监测2007年越冬面的开度情况，温控工作小组还在29、35号坝段越冬面埋设了测缝计。KB2-1、KB2-3测缝计分别位于29号坝段2007年越冬面上游面和上游二级配区域；35号坝段KB4-1、KB4-3测缝计分别位于35号坝段2007年越冬面上游面、上游二级配区域，KB4-2测缝计位于35号坝段2007年越冬面下游面。截至2012年6月，测缝计的测值过程线如图3-52和图3-53

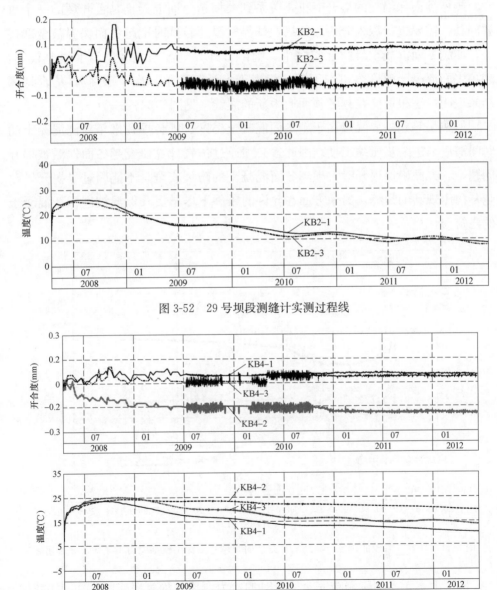

图 3-52　29号坝段测缝计实测过程线

图 3-53　35号坝段测缝计实测过程线

所示。可见，经过 5 年的运行，上、下游测缝计没有张开的现象，表明越冬水平面新、老混凝土结合面良好。

第十节 越冬面保温被揭开时的温度应力及防裂措施

一、大坝越冬面保温被揭开时的温度应力

越冬顶面保温被的揭开时机是关系到大坝越冬面混凝土是否开裂的一个重要问题，需要进行深入分析。如果在外界气温还较低时把越冬面保温被全部揭去，使越冬面混凝土暴露在空气中，则由于外界气温与混凝土温度温差较大，越冬表面混凝土温度会迅速下降，相当于人为制造了一次"寒潮"，仿真计算结果表明：这很可能在越冬顶面产生新的裂缝（见图 3-54）。

但如果等到外界气温高于越冬面混凝土温度，则会导致来年新浇混凝土的时间滞后，进一步压缩工期。因此，必须通过仿真计算研究越冬面保温被揭开问题，一方面确保揭开时大坝越冬面混凝土的防裂安全，不能因过早揭开导致越冬面出现新的裂缝，另一方面在允许的条件下尽早揭开保温被进行新混凝土的浇筑。

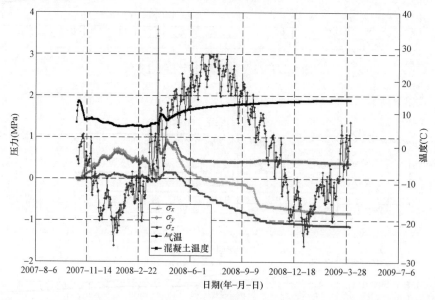

图 3-54 外界气温较低时（−3.38℃）完全揭开越冬面保温被则应力迅速增长导致超标

事实上，越冬面保温被完全揭开时的应力变化过程可用式（3-2）表示：

$$\sigma_后 = \sigma_前 + \Delta\sigma \tag{3-2}$$

式中 $\sigma_{后}$——大坝越冬面保温被完全揭开后混凝土应力；

      $\sigma_{前}$——被子揭开前混凝土应力；

      $\Delta\sigma$——揭开时内、外温差导致的应力增量。

因此，揭开后混凝土应力 $\sigma_{后}$ 的大小取决于 $\sigma_{前}$ 及 $\Delta\sigma$ 两个方面。$\sigma_{前}$ 及 $\Delta\sigma$ 越大，则 $\sigma_{后}$ 就越大，当 $\sigma_{后}$ 超过混凝土允许拉应力时，就会出现裂缝。

$\sigma_{前}$ 实际上与越冬期间越冬水平面的保温措施有很大的关系，如保温充分，$\sigma_{前}$ 可控制到较小水平。但在越冬面揭开保温被前，实际上混凝土的应力 $\sigma_{前}$ 已经确定；对于 $\Delta\sigma$，因为是浇筑龄期基本超过 3 个月的老混凝土，混凝土弹性模量较高，内、外温差引起的应力增量会较大。

在越冬面保温被完全揭开时，混凝土允许拉应力已经确定，被子揭开前的应力 $\sigma_{前}$ 也已确定，要控制被子揭开时应力不超标，只能控制其内、外温差较小。

二、K 坝 2008 年越冬面保温被揭开的温度及应力分析

以 K 坝 35 号坝段为例，分析了 2008 年越冬面保温被揭开方式及时机研究。35 号坝段 2008 年越冬面已脱离了基础约束区，根据 2009 年 3 月 24 日以前的实测气温和 2009 年 3 月 24 日以后的天气预报情况，对越冬面保温被在 4 月上旬揭开的可行性进行了仿真计算分析。

计算过程中采用的边界条件如下：

（1）计算时段为 2007 年 4 月 20 日～2009 年 4 月 5 日。其中，2007 年 4 月 20 日～2008 年 3 月 31 日气温取现场实测日平均气温，其他时段气温采用旬平均气温。

（2）越冬面保温一共采用了 13 层棉被，每层棉被的厚度为 2cm。为了让越冬面混凝土逐渐适应外界气温，对保温被采取逐步揭开方式。具体揭开方式见表 3-10。

表 3-10   35 号坝段越冬面保温被的揭开方式

日期	揭开被子层数	揭开被子的厚度（cm）
2009 年 3 月 10 日	2	4
2009 年 3 月 18 日	2	4
2009 年 3 月 25 日	2	4
2009 年 3 月 28 日	3	6
2009 年 4 月 1 日	4	8

越冬面混凝土在越冬期间及被子逐渐揭开期间的温度及应力变化过程线如图 3-55～图 3-57 所示。

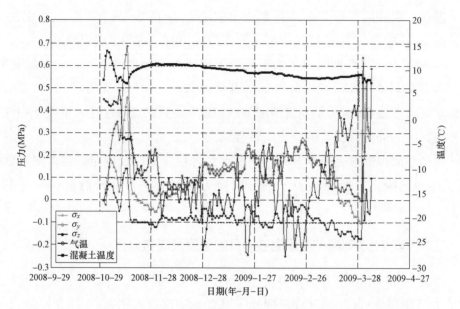

图 3-55 2008 年越冬面上游二级配区域典型点温度及应力变化过程线

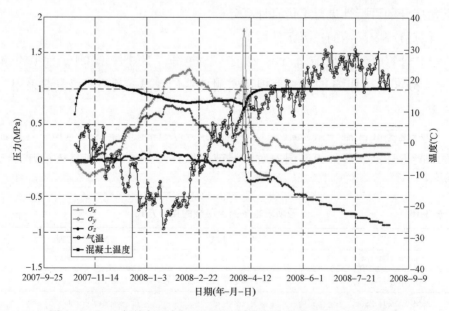

图 3-56 2008 年越冬面中间三级配区域典型点温度及应力变化过程线

表 3-11 是根据仿真计算成果得到的 $\sigma_{前}$ 温度应力及应力增长率统计结果,

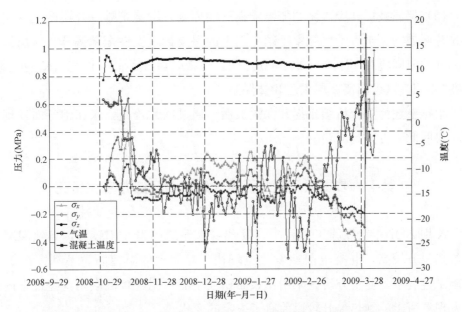

图 3-57　2008 年越冬面下游二级配区域典型点温度及应力变化过程线

应力增长率 $\delta = \dfrac{\sigma_{后} - \sigma_{前}}{\Delta t}$，$\Delta t$ 为被子完全揭开时空气的温度混凝土温度的温差。

表 3-11　　　　　　　2008 年越冬面保温被完全揭开时允许内、外温差统计表

越冬面上混凝土不同部位	应力增长率 δ（MPa/℃）	2009 年 3 月 30 日达到的应力（MPa）	与最大允许应力的差值（MPa）	完全揭开被子时允许的内、外温差（℃）
上游二级配区域	0.29	0.0	1.8	6.2
三级配区域	0.27	0.1	1.7	6.3
下游二级配区域	0.29	−0.3	2.1	7.2

注　1. δ 即保温被完全揭开时内、外温差为 1℃时"冷击"引起的应力增量。

2. 混凝土最大允许应力为 1.8MPa。

（1）由表 3-11 可以看出：对于 2008 年越冬面上游二级配区域、中间三级配区域和下游二级配区域完全揭开被子所允许的内、外温差分别约为 6℃、6℃、7℃。根据实测的越冬面混凝土温度，2009 年 3 月 30 日上游二级配、中间三级配及下游二级配混凝土的温度分别约为 6℃、15℃、15℃，所以，这些部位被子完全揭开时外界日平均气温应在 0℃、9℃、8℃以上。

（2）鉴于本地区每年 4 月份气温变幅较大，寒潮比较频繁，应密切注意被子揭开后的天气预报情况，如在新混凝土浇筑之前出现寒潮，应及时回覆保温被进行保温，保温被采用 2 层聚乙烯被即可。

（3）保温被揭开应遵循"随浇随揭"的原则，即浇筑哪一片混凝土，就揭开这片区域的被子，不要把整个越冬面上的保温被一次性全部揭开。保温被完全揭开的时间应在 12：00～20：00 之间，在揭开后如不能立即浇筑新混凝土，应在 20：00 以后回覆 2 层聚乙烯被保温。

根据上述计算分析结果揭开保温被后，通过细致普查，未在越冬面发现裂缝，表明此套方案是成功的。

第十一节 采用粗水泥后大坝温度及应力变化研究

K 坝 2007 年大坝施工过程中，发现因水泥的比表面积较大，导致混凝土的绝热温升较高，混凝土前期发热也较快，对大坝的温控防裂不利。在 2008 年施工过程中，业主方研究采用比表面积较小的水泥配置混凝土，经过室内试验发现混凝土的绝热温升较以前有了一定的变化。

以 T 为混凝土绝热温升（℃）、d 为龄期（d），原大坝不同区域混凝土（水泥比表面积较大）的绝热温升为：

Ⅰ-1 区 $R_{180}200W_{10}F_{300}$ 混凝土绝热温升曲线：$T=24.29d/(2.06+d)$

Ⅰ-2 区 $R_{180}20W10F100$ 混凝土绝热温升曲线：$T=22.68d/(2.08+d)$

Ⅱ-1 区 $R_{180}20W_6F_{200}$ 混凝土绝热温升曲线：$T=21.9d/(2.20+d)$

650m 高程以下三级配 RCC $R_{180}200W_4F_{50}$ 绝热温升曲线为：$T=17.61d/(2.82+d)$

650m 高程以上三级配 RCC $R_{180}15W_4F_{50}$ 绝热温升曲线为：$T=17.42d/(2.84+d)$

而采用粗水泥拌制的混凝土绝热温升如下：

Ⅰ-1 区 $R_{180}200W_{10}F_{300}$ 混凝土绝热温升曲线：$T=21.60d/(2.4+d)$

Ⅰ-2 区 $R_{180}20W10F100$ 混凝土绝热温升曲线：$T=18.00d/(2.60+d)$

Ⅱ-1 区 $R_{180}20W_6F_{200}$ 混凝土绝热温升曲线：$T=19.1d/(2.70+d)$

650m 高程以上三级配 RCC $R_{180}15W_4F_{50}$ 绝热温升曲线为：$T=15.82d/(4.45+d)$

可以看出：采用粗水泥拌制的混凝土最终绝热温升和前期发热速率较以前的混凝土都有所降低，最终绝热温升降低 1.6～4.7℃，发热速率也有明显降低。为了评估粗水泥拌制混凝土绝热温升变化对大坝混凝土温度和应力的影响，分别计算了不同月份浇筑混凝土的变化情况，典型月份温度和应力变化情况如图 3-58 和

图 3-59 所示。其中,原方案为方案 1,采用粗水泥的方案为方案 2。

从不同月份的计算结果来看:2008 年浇筑的混凝土,在采用粗水泥后,由于绝热温升下降,浇筑块的最高温度也有了降低。对 4、5 月浇筑的混凝土,二级配混凝土方案 2 比方案 1 最高温度约下降 2℃,三级配混凝土最高温度约下降 1℃;对 6、7、8 月浇筑的混凝土,二级配混凝土方案 2 比方案 1 最高温度约下降 2.5℃,三级配混凝土最高温度约下降 1.8℃;对 9、10 月浇筑的混凝土,二级配混凝土方案 2 比方案 1 最高温度约下降 1.0℃,三级配混凝土最高温度约下降 1.3℃。

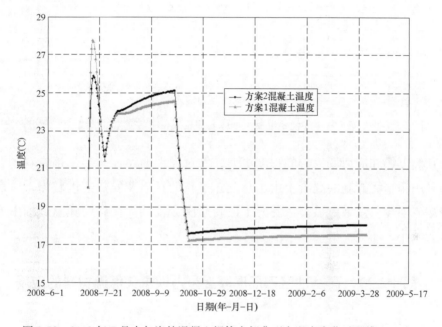

图 3-58　2008 年 7 月中旬浇筑混凝土坝体内部典型点温度变化过程线(1.9℃)

从方案 1 与方案 2 典型点温度及应力变化比较过程线来看:对 4、5 月浇筑的混凝土,上、下游面最大应力降低 0.2~0.3MPa;上、下游二级配混凝土最大应力下降 0.2MPa,坝体内部三级配混凝土最大应力下降 0.1~0.2MPa;对 6、7、8 月浇筑的混凝土,上、下游面最大应力约降低 0.4MPa;上、下游二级配混凝土最大应力下降 0.3~0.4MPa,坝体内部二级配混凝土最大应力下降 0.3~0.4MPa;对 9、10 月浇筑的混凝土,上、下游面最大应力降低 0.1~0.2MPa,上、下游二级配混凝土最大应力约下降 0.2MPa,坝体内部三级配混凝土最大应力约下降 0.3MPa。

综上所述,可以看出:在采用粗水泥后,混凝土的绝热温升下降,混凝土的最高温度和最大应力也有了不同程度的降低,特别是对高温期浇筑的混凝

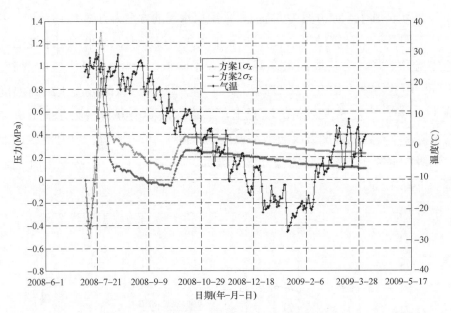

图 3-59　2008 年 7 月中旬浇筑混凝土坝体内部典型点应力变化过程线（0.40MPa）

土，其温度场和应力场改善的程度更大，这对大坝的温控防裂是很有利的。另外，采用粗水泥拌制的混凝土由于总发热量较低且前期发热速度较慢，一期通水冷却"削峰"效果更显著，混凝土最高温度会较低，在后期降温过程中温度应力会较小。

第十二节　严寒地区碾压混凝土重力坝永久保温材料的应用

一、大坝实施永久保温的目的

大坝的永久保温是指在大坝的上、下游面粘贴保温材料对混凝土进行保温的工程措施，它一般在施工期实施，伴随大坝的运行一直发挥作用。大坝实施永久保温是为了控制坝体施工期和运行期上、下游面附近混凝土温度梯度，减小温度应力，防止裂缝的产生。经过多年的理论分析和工程实践检验，目前在国内水利水电工程界已形成共识：在严寒地区修建混凝土坝，由于其独特的气候条件，必须对大坝混凝土实施永久保温。

二、大坝永久保温材料

关于大坝表面保温材料，美国从 20 世纪 50 年代开始研究过泡沫塑料板、厚纸板、砂层、泡沫塑料板加聚氯乙稀薄膜、两层厚模板中填刨花隔热材料等。挪威严寒地区的一些薄拱坝，采用钢筋混凝土做一道保温墙通过短支撑固定在下游坝面，与下游面形成夹层，利用夹层内不流动的空气以及电加温空气方式对坝面进行保温。在 20 世纪 80 年代以前，我国主要采用草袋、草帘、木丝板、水泥膨胀珍珠岩等作为保温材料，但这些保温材料耐久性较差，长期保温效果不佳。随着塑料工业发展，近年来泡沫塑料板开始应用到大坝表面保温，目前应用较多的有三种，即聚苯乙烯泡沫板、聚氨酯泡沫涂层和聚乙烯泡沫被。2000 年以前，国内坝面保温多采用聚苯乙烯泡沫塑料硬质板，分为外贴法和内贴法两种，典型工程为汾河二库碾压混凝土坝上游面保温。2000 年左右，国内工程界开始应用喷涂发泡聚氨酯保温，典型工程为新疆石门子拱坝上、下游表面。2010 年以后，坝面保温开始大面积采用喷涂发泡聚氨酯。聚乙烯泡沫塑料富有柔性，延伸率达 110%～255%，具有一定的吸水率，工程上一般用作临时保温。

聚苯乙烯泡沫塑料板是硬质板，分为挤压（XPS 板）和模压泡沫塑料板两种，两种材料的性能指标见表 3-12。

表 3-12　　　　　　　　　　　聚苯乙烯泡沫板的性能指标

材料名称	抗压强度（MPa）		导热系数 [kJ/(m·h·℃)]		吸水率（%）		密度（kg/m³）
	标准要求	检验结果	标准要求	检验结果	标准要求	检验结果	
挤压泡沫塑料板	≥0.300	0.349	≤0.108	0.0972	≤1.0	0.9	42～44
模压泡沫塑料板	≥0.060	0.094	≤0.1476	0.1368	≤6.0	5.1	18～25

从表 3-12 可以看出：与模压泡沫板相比，挤压泡沫塑料板的保温性能更好，抗压强度、抗拉强度更高，吸水率更低，更加适合用作大坝的永久保温。2005 年以后建成的大坝工程，如拉西瓦等都采用 XPS 板进行永久保温。

聚氨酯硬质泡沫由主料及发泡剂、催化剂、稳定剂、阻燃剂等组合而成，性能指标见表 3-13。

表 3-13　　　　　　　　　　硬泡聚氨酯主要技术性能指标表

序号	项目	性能要求
1	密度（kg/m³）	≥45
2	导热系数 [W/(m·℃)]	≤0.024
3	黏结强度（MPa）	≥0.3
4	尺寸变化率（70℃，48h）（%）	≤1.0
5	抗压强度（形变 10%）（kPa）	≥300

序号	项目	性能要求
6	拉伸强度（kPa）	≥300
7	断裂伸长率（%）	≥10
8	闭孔率（%）	≥95
9	吸水率（%）	≤3

自 2010 年以后，西北及东北严寒地区大坝工程基本采用了聚氨酯泡沫进行大坝永久保温，如布尔津山口拱坝，呼和浩特抽蓄电站下水库拦沙坝和拦河坝，正在实施的丰满新建 RCC 重力坝、萨尔托海混凝土重力坝、双峰寺重力坝等。

三、XPS 板与硬泡聚氨酯的比较

2005 年以后，国内在严寒和寒冷地区修建混凝土坝时采用的永久保温材料基本为 XPS 板和硬泡聚氨酯（见表 3-14）。现就两种材料的施工工艺、保温效果、耐久性等方面进行比较。

表 3-14　　　　　　　　严寒、寒冷地区大坝永久保温统计表

序号	工程名称	保温层厚度
1	吉林丰满水电站碾压混凝土重力坝	上游面水位变动区喷涂厚 8cm 硬泡聚氨酯＋1.5～2mm 抗冰拔防护层；上游面水位变动区以上喷涂刷涂厚 8cm 硬泡聚氨酯＋35μm 防老化面漆
2	新疆布尔津山口碾压混凝土拱坝	上游面、下游面均喷涂厚 10cm 硬泡聚氨酯＋0.5mm 厚防老化面漆
3	呼和浩特抽水蓄能电站下库混凝土重力坝	上游面喷涂厚 12cm 硬泡聚氨酯＋3cm 聚酯砂浆
4	新疆 KLSK 碾压混凝土重力坝	上、下游面均粘贴 10cmXPS 保温板
5	吉林松原市哈达山水利枢纽工程	粘贴 10cmXPS 保温板
6	新疆阿尔泰市萨尔拓海水利枢纽	上、下游面喷涂厚 8cm 硬泡聚氨酯

（一）施工工艺

XPS 板在生产厂内加工成小块（一般为 2m×1.5m 尺寸），在现场采用粘贴施工，混凝土基面经过处理后采用粘接剂将 XPS 板分块粘至坝面，粘贴方式有两种：点粘和面粘，一般上游面采用面粘方式，下游面采用点粘方式。XPS

保温板块体之间的缝隙采用砂浆填充密实。为了保证粘接剂的效果，一般要求在5℃以上施工。另外，XPS 板表面采用 0.5～1.0cm 砂浆涂覆防护。如图 3-60 所示为坝面粘贴 XPS 板。

图 3-60 坝面粘贴 XPS 板

硬泡聚氨酯采用专用双组分料喷涂设备施工，如图 3-61 所示，施工温度一般要求也在 5℃以上，最低不宜低至 0℃以下。因为采用喷涂设备，施工效率较高，且喷涂后的保温层成为一个整体，不存在接缝问题。聚氨酯保温层表面也采用专门的面层进行老化防护。

图 3-61 坝面喷涂聚氨酯施工

（二）保温效果

当混凝土表面覆盖了保温材料时，应采用等效放热系数 β' 以代替 β，等效放热系数 β' 可按下式计算：

$$\beta' = \frac{1}{\dfrac{h_1}{\lambda_1} + \dfrac{1}{\beta}} [\mathrm{kJ/(m^2 \cdot h \cdot ℃)}] \tag{3-2}$$

由式（3-2）可见：保温材料的导热系数越小，则等效放热系数越小，即保温效果更好。

（1）从材料本身的导热系数而言，XPS 板导热系数介于 0.030～0.041W/(m·℃) 之间，聚氨酯的导热系数一般要求小于 0.024W/(m·℃)。聚氨酯的导热系数只有 XPS 板导热系数的 60%～80%，导热系数更小，即同等厚度的 XPS 板和聚氨酯保温层，聚氨酯的保温效果更好。

（2）XPS 板分块施工，块体之间接缝采用砂浆充填，分缝处的保温效果较差；而喷涂聚氨酯保温层无分缝，因此整体保温效果更优。

（三）耐久性

喀腊塑克碾压混凝土重力坝永久保温采用 XPS 板，2008 年基本实施完毕，至今运行约 15 年；布尔津山口拱坝永久保温采用喷涂聚氨酯保温层，2013 年基本实施完毕，至今运行约 10 年。从两种材料的运行情况来看，可得到以下结论：

（1）XPS 板和聚氨酯在水上部位基本完好，保温性能基本不变。但 XPS 板表面的防护砂浆在运行多年后脱落严重，一旦砂浆脱落，XPS 板表面会出现老化现象，且老化速度加快，后期会影响其保温效果。如图 3-62 和图 3-63 所示分别为保温板表面防护砂浆起落、脱落和保温板表面防护层全面脱落情况。

图 3-62　保温板表面防护砂浆起翘、脱落　　　图 3-63　保温板表面防护层全部脱落

（2）在上游水下部位（水位变化区以下），XPS 板在泡水 4 年时，经过上游实测温度值的有限元反馈分析，可以发现保温板的保温效果只有原来的 $30\%\sim50\%$，说明在长期泡水状态下，XPS 板吸水后保温效果下降较多；聚氨酯在泡水几年后，保温性能与施工期相比变化不大。另外，XPS 板在泡水后，脱落现象比较严重，而聚氨酯暂未发现水下脱落情况。

（3）在水位变化区，因为受到冬季冰推和春季冰拔作用，XPS 板和聚氨酯都有脱落现象。XPS 板脱落情况更为严重，经过两个冬季后基本脱落完毕。

（四）防火等级

XPS 板的防火等级较低，可以引燃；目前聚氨酯防火等级为阻燃。聚氨酯的防火级别高于 XPS 板。

四、相关建议

XPS 板和喷涂聚氨酯是目前严寒、寒冷地区大坝永久保温采用的保温材料。从二者的比较来看，喷涂聚氨酯因为具有与混凝土基面更好的黏结强度、长期泡水不易脱落、吸水率低、长期泡水后的保温效果更好、施工效率高、无分缝、保温效果更好、防火等级更高等特点，已逐渐取代 XPS 板成为大坝永久保温的首选。

　　值得注意的是，即使采用喷涂聚氨酯保温，大坝上游面水位变化区因为冰拔、冰推导致的保温层脱落问题还未彻底解决。国内丰满水电站已针对此问题进行了研究，并提出了适宜的抗冰拔防护涂层及施工工艺。

第四章

大坝施工期温度场反馈分析及温控指标的调整

第一节 大坝施工期温控指标调整的目的和方法

在设计阶段，大坝温度控制的指标一般是依据设计方初步拟定的浇筑进度方案和实验室内标准试验得到的热力学参数，通过仿真计算和敏感性分析，遴选优化的温控方案，在最终确定大坝的温控方案以后，再根据仿真计算的结果来确定施工现场的温度控制指标。一般来说，大坝施工现场的温度控制指标包括浇筑温度、最高温度、基础温差、内外温差、上下层温差等，确定这些控制指标的目的是在施工现场能够及时指导施工，防止温度裂缝。

事实上，实验室内标准情况下制备试件得到的热力学参数跟实际施工现场环境下的指标可能有较大差别，并且现场的施工进度、施工方案也可能会根据实际情况有所调整，现场实施的温控措施也跟设计阶段的温控措施有所出入，现场使用的材料也可能发生变化。因此，原先设计阶段提出的温控指标不能准确反映现场施工的一些特性，也就失去了指导现场施工的意义，必须对其进行调整。

大坝施工期温控指标的调整包含以下内容：

（1）反馈分析。即在施工过程中，根据现场取得的实际温度监测资料和应力监测资料，通过热力学指标反分析，取得工地现场实际采用的混凝土材料的热学参数和力学参数。

（2）根据反演分析得到的热力学参数、大坝的实际浇筑进度、实际采取的温控措施进行仿真计算，以客观、准确预测大坝施工期和运行期几十年的温度场和应力场，并进行浇筑方案和温控方案的优化，以防止大坝混凝土出现裂缝。

（3）根据仿真计算遴选得到的防裂方案调整施工期大坝混凝土施工期的温度控制指标，以真正达到反馈设计、指导施工的目的。

本章以 K 坝 35 号坝段为例进行了施工期反馈分析、大坝施工期和运行期温度场和应力场的仿真计算、大坝施工期温控指标的调整等研究工作。因为得到的资料有限，本文只进行了大坝混凝土热学参数的反演分析。

第二节 K坝35号坝段温度场反馈分析

对喀腊塑克碾压混凝土重力坝（K坝）35号坝段进行了施工期温度场反馈分析，即通过已取得的现场混凝土温度监测资料，通过三维有限元反馈仿真分析，进一步校准仿真计算的边界条件和有关参数，使仿真计算结果与现场观测结果基本一致，从而达到提高大坝温度场和应力场预测精度的目的。

反馈分析采用35号坝段温度观测资料，资料序列为2007年4月～2009年3月。计算模型采用35号坝段2007、2008年两年浇筑块，坝段取沿坝轴线方向15m，基础范围为：在坝踵上游和坝趾下游各取100m，深度取100m。

计算使用的三维有限元模型如图4-1所示。

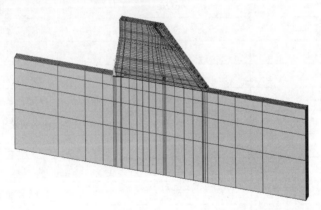

图4-1 35号坝段2007、2008年浇筑块三维有限元仿真计算模型

35号坝段监测温度计埋设位置统计表见表4-1，埋设位置示意图见图4-2。

表4-1 35号坝段温度计埋设位置统计表

名称	埋设高程（m）	埋设位置
T3-4	632	上游三级配混凝土
T3-5	632	中部三级配混凝土
T3-6	632	下游三级配混凝土
T3-7	644	上游二级配混凝土
T3-8	644	上游三级配混凝土
T3-9	644	中部三级配混凝土

名称	埋设高程（m）	埋设位置
T3-10	644	中部三级配混凝土
T3-11	644	中部三级配混凝土
T3-12	644	下游三级配混凝土
T3-14	658	上游三级配混凝土
T3-15	658	中部三级配混凝土
T3-16	658	中部三级配混凝土
T3-17	658	下游三级配混凝土
T3-22	667.5	上游二级配混凝土
T3-23	667.5	上游三级配混凝土
T3-24	667.5	中部三级配混凝土
T3-25	667.5	中部三级配混凝土
T3-26	667.5	下游二级配混凝土
T3-27	680	上游二级配混凝土
T3-28	680	上游三级配混凝土
T3-29	680	中部三级配混凝土
T3-30	680	下游三级配混凝土
TB4-1	641	2007 年越冬面上游侧
TB4-2	641	2007 年越冬面中部
TB4-4	690	2008 年越冬面上游侧
TB4-5	690	2008 年越冬面中部
TB4-6	690	2008 年越冬面下游侧
TW3-1	644	坝上游表面
TW3-2	658	坝上游表面
TW3-3	667.5	坝上游表面
TW3-4	680	坝上游表面
T03-1	644	坝下游表面
T03-2	658	坝下游表面
T03-3	667.5	坝下游表面
T03-4	680	坝下游表面

  大坝混凝土的热学参数未进行反演，仍然参考室内标准试验数据，见表 4-2。

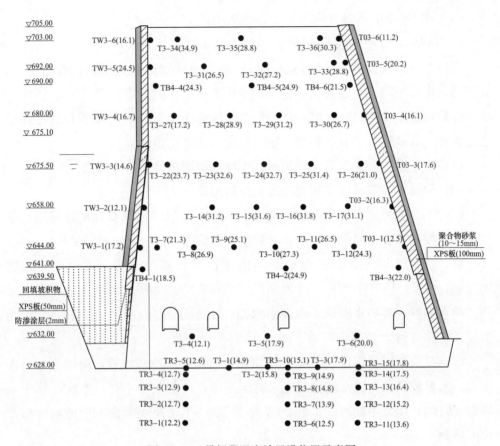

图 4-2　35 号坝段温度计埋设位置示意图

表 4-2　　　　　　　　　　　混凝土材料的热学参数统计表

配合比编号	混凝土强度等级	比热 [kJ/(K·℃)]	导热系数 [kJ/(m·h·℃)]	导温系数 (m²/h)	热膨胀系数 (10⁻⁶/℃)
1	C₉₀20W10F300	0.951	8.49	0.0038	9.25
2	C₉₀20W10F100	0.918	8.23	0.0037	9.19
3	C₉₀20W6F200	0.902	8.38	0.0038	9.12
4	C₉₀15W4F50	0.897	8.57	0.0035	9.01
5	R₉₀20W4F50	0.884	8.34	0.0038	8.96

本次计算主要是针对混凝土材料的绝热温升、永久保温和越冬保温的表面放热系数进行反演。反演后得到的五种大坝材料的绝热温升如下：

$C_{90}20W10F300$ 绝热温升曲线为：$T = 24.29d/(2.06+d)$

$C_{90}20W10F100$ 绝热温升曲线为：$T = 22.68d/(2.08+d)$

$C_{90}20W6F200$ 绝热温升曲线为：$T = 21.9d/(2.2+d)$

$C_{90}15W4F50$ 绝热温升曲线为：$T=17.42d/(2.84+d)$

$C_{90}200W4F50$ 绝热温升曲线为：$T=17.61d/(2.82+d)$

可以看出：反演得到的绝热温升与原来室内标准试验数据相比有所降低，且发热速率有所降低，这是由于施工期采用了粗水泥的原因。

计算过程中 35 号坝段浇筑块采用的边界条件如下（永久保温和越冬保温表面放热系数通过反馈分析得到，临时保温采用理论值计算）：

（1）地基温度采用 7 月实测地温；大坝横缝面按绝热边界考虑。

（2）混凝土浇筑温度采用现场实测浇筑温度。

（3）上、下游面在浇筑以后回填填土以前覆盖 2cm 厚聚氨酯泡沫被进行临时保温，按第三类边界条件考虑，等效放热系数为 98.58 kJ/(m² · d · ℃)。

（4）浇筑层面采用 2cm 厚聚氨酯泡沫被进行临时保温，等效放热系数 98.58kJ/(m² · d · ℃)；在 5～9 月采取"喷淋"方式养护时混凝土表面温度采用养护水温度，养护水温度采用河水水温，在 5 月约为 18℃，在 6～8 月约为 24℃，在 9 月约为 18℃。

（5）反演分析表明，2008 年的浇筑块虽然布设了冷却水管，但因为通河水降温，水温较高，且通水流量及通水时间不够，冷却效果不佳，本次计算中未考虑水管的一期及中期冷却；但 2007 年及 2009 年浇筑块考虑一期通水冷却及中期冷却。

（6）2007 年 10 月之前上下游面采用 2cm 厚聚氨酯泡沫被进行临时保温，10 月中旬浇筑到越冬面高程时，上游面粘贴 5cm 厚 XPS 板且回填坡积物到 638.0m 高程，反馈分析得到的等效放热系数为 20.0kJ/(m² · d · ℃)；下游面粘贴 10cm 厚 XPS 板保温，反演得到的等效放热系数为 29.79 kJ/(m² · d · ℃)。

（7）2007 年第一个越冬顶面保温：10 月 31 日之前，纵 0+23m 上游越冬面采用 4cm 棉被（聚氨酯被）保温；纵 0+23m 下游越冬面完全暴露在空气中。从 11 月 1 日起全部采用 26cm 厚棉被进行保温，反演得到的等效放热系数为 10.37 kJ/(m² · d · ℃)。

（8）2008 年春季保温被揭开：3 月 8 日揭开 1 层、3 月 11 日揭开 1 层、3 月 14 日揭开 1 层、3 月 17 日揭开 1 层、3 月 20 日揭开 2 层、3 月 23 日揭开 2 层、3 月 26 日揭开 1 层、4 月 3 日揭开 1 层，剩余的保温被在 4 月 5 日全部揭去。

（9）2008 年浇筑块上游面保温：从 2008 年 9 月 21 日起粘贴 10cm 厚 XPS

板保温，考虑水的影响，反演后等效放热系数为 18.19kJ/(m² · d · ℃)；

（10）2008 年浇筑块下游面保温：从 2008 年 9 月 21 日起粘贴 10cm 厚 XPS 板保温。645.0m 高程以下考虑水的影响，反演得到的等效放热系数为 18.19kJ/(m² · d · ℃)，其中 679.0～681.0m 高程采用 1cm 聚氨酯保温。

（11）2008 年第二越冬面保温：11 月 14 日之前采用 1cm 聚氨酯被保温，11 月 15 日用 24cm 厚棉被进行保温，经过反演，其等效放热系数为 20kJ/(m² · d · ℃)。保温效果下降的原因是 2008 年越冬使用的保温被为 2007 年使用过的，效果下降。

（12）计算时段为 2007 年 7 月 12 日～2009 年 3 月 31 日。

（13）外界气温采用实测气温。

（14）计算步长为 0.25～1d。

如图 4-3～图 4-12 所示为不同部位混凝土实测温度与计算温度及应力的过程线。

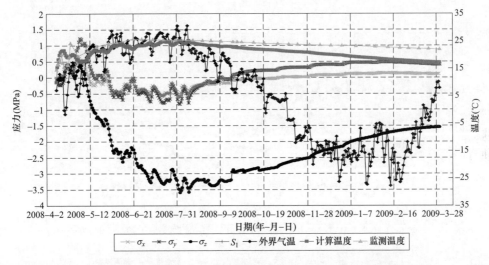

图 4-3 上游面 TW3-1 实测温度与计算温度及应力过程线

（1）从上游面蓄水以后位于水下温度计的实测值和计算值（见图 4-3）可以看出两者的变化规律是完全一致的，在蓄水以前，监测值和计算值的数值吻合较好，而蓄水后两者数值稍有差异。这是由于没有实测水温，蓄水以后计算采用的库水温按照《混凝土重力坝设计规范》（SL 319—2018）规定的方法计算得到，跟实际库水温有一定差别，从反演结果来看，实际水温应该高于计算水温；另外一个原因是蓄水以后水下保温板的等效放热系数会有所变化，而计算过程中采用的是不变的等效放热系数。

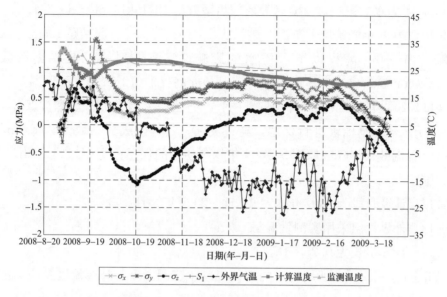

图 4-4　TW3-4 实测温度与计算温度及应力过程线（蓄水后位于水面以上）

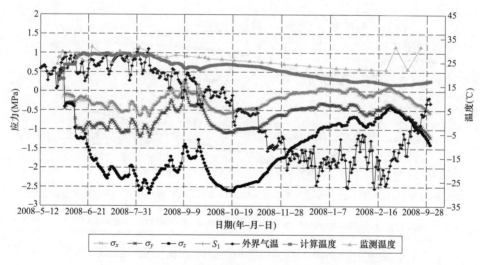

图 4-5　下游面 T03-2 实测温度与计算温度及应力过程线

　　另外，从实测值和计算值的变化过程可以看出：对于覆盖保温层后与水接触后混凝土温度场有限元计算方法是合适的，完全可以满足工程的要求。

　　（2）从上游面蓄水以后位于水面以上温度计以及下游面温度计的实测值和计算值（见图 4-4 和图 4-5）可以看出：两者的温度变化规律是完全一致的，即在混凝土浇筑完毕的 3～5d 内混凝土达到最高温度；后面几天由于水管冷却、表面散热等原因，混凝土温度有所下降；在上层混凝土浇筑以后，由于热量回

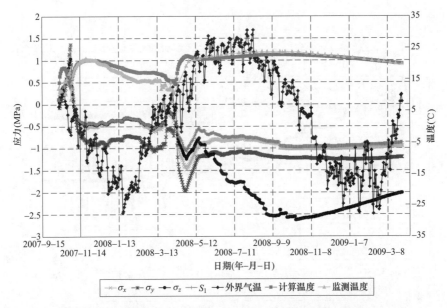

图 4-6　2007 年越冬面上游二级配 TB4-1 实测温度与计算温度及应力过程线

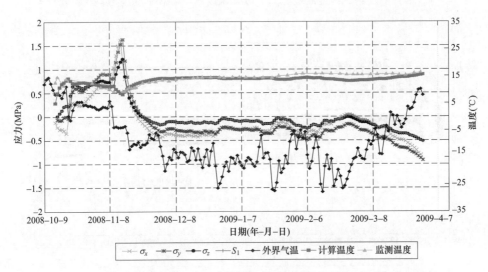

图 4-7　2008 年越冬面中间三级配 TB4-5 实测温度与计算温度及应力过程线

灌混凝土温度又有所回升；以后混凝土的温度呈缓慢下降趋势。另外，2008 年 9 月实施永久保温以后，实测值比计算值略高，说明实际的保温效果要好于计算保温效果，可能是由于计算过程中只考虑了 10cm XPS 板的保温作用，对于 XPS 板外抹 1.5cm 砂浆的作用未给予考虑的原因。

（3）从 2007、2008 年越冬面温度计的实测结果和计算结果来看（见图 4-6、图 4-7），两者温度变化规律是一致的，且数值吻合地比较好。越冬面顶部混凝

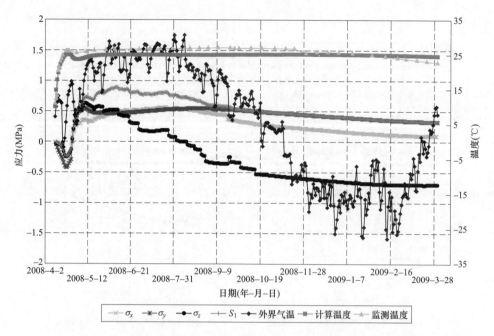

图 4-8　上游二级配混凝土 T3-7 实测温度与计算温度及应力过程线

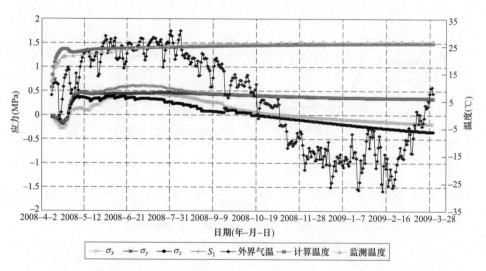

图 4-9　大坝内部三级配混凝土 T3-8 实测温度与计算温度及应力过程线

土一般在浇筑实施越冬保温后达到最高温度，越冬期间温度缓慢下降；在来年新浇混凝土后，在上部新混凝土热量倒灌下温度又出现一个峰值，后期温度逐渐下降。

（4）2007、2008 年浇筑的三级配混凝土因为位于坝体中部，受外界变化影响小，所以实测值和计算值吻合得比较好，即在浇筑早期达到最高温度后受通

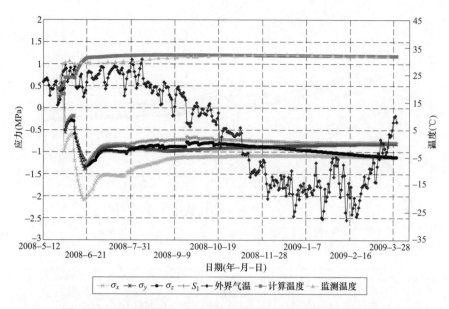

图 4-10 三级配混凝土 T3-14 实测温度与计算温度及应力过程线

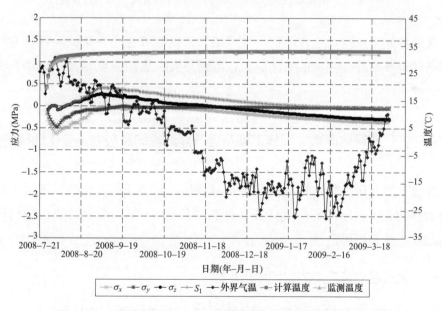

图 4-11 三级配混凝土 T3-25 实测温度与计算温度及应力过程线

水冷却作用温度降低，通水结束后温度有所回升，后期则缓慢下降。

（5）从各个部位混凝土埋设温度计的计算值和实测值比较可以看出：内部三级配混凝土整体上拟合精度最高，其次为上、下游二级配混凝土及越冬面，精度稍差的为上、下游表面混凝土。但在所有部位，仿真计算值与实测值变化

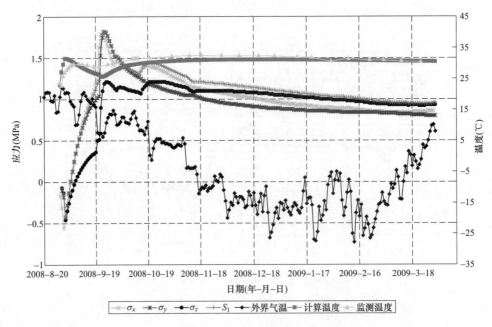

图 4-12 三级配混凝土 T3-28 实测温度与计算温度及应力过程线

规律及趋势完全一致，这说明仿真计算结果采用的方法是正确的，计算参数及边界条件也基本符合大坝的实际情况，可满足大坝后期温度场及应力场预测的要求。

第三节 严寒地区重力坝施工期及运行期温度场及应力场变化规律研究

经过反演分析得到比较准确的热学参数后，对 K 坝 35 号坝段进行了施工期及运行期温度和应力的仿真计算，计算时段约 55 年，采取的温控措施同本章第二节，这里不再赘述。

一、大坝温度及应力的空间分布规律

（1）大坝总施工期为三年，坝体内出现三个高温区（见图 4-13），高温区出现的位置为每年 6～8 月夏季高温期浇筑的混凝土，最高温度为 30℃左右。原因是 6～8 月混凝土浇筑温度和外界气温较高，虽然采取了水管冷却、表面"喷淋"等降温措施，其最高温度仍然较其他月份浇筑的混凝土高。

（2）从大坝施工期（2007 年 4 月 20 日～2010 年 3 月 30 日）及运行期（2010 年 3 月 31 日～2012 年 1 月 30 日）典型坝段最大应力包络图（见图 4-

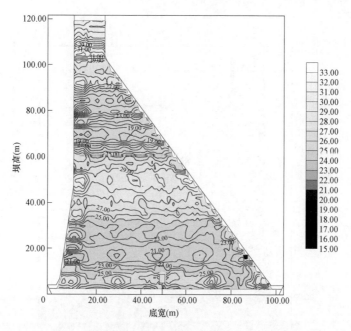

图 4-13　大坝中剖面施工期最高温度包络图（单位：℃）

14～图 4-16）可以看出，顺水流方向水平应力 σ_x、垂直水流方向水平应力 σ_y 及竖向应力 σ_z 在坝体的分布规律如下：在坝体中部顺水流方向水平应力 σ_x 较大；在上、下游附近混凝土垂直水流方向应力 σ_y 及竖向应力 σ_z 较大。这揭示

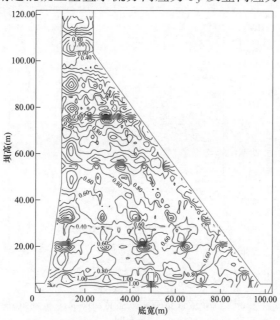

图 4-14　典型坝段剖面顺水流方向水平应力 σ_x 包络图（单位：MPa）

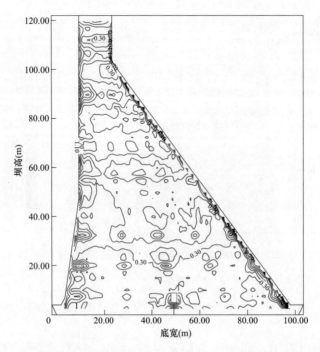

图 4-15　典型坝段剖面垂直水流方向水平应力 σ_y 包络图（单位：MPa）

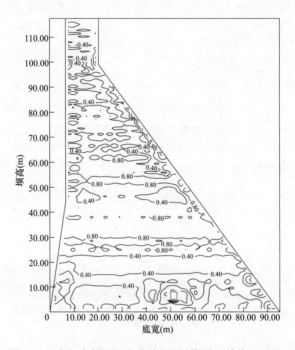

图 4-16　大坝中剖面竖向应力 σ_z 包络图（单位：MPa）

了通仓浇筑的碾压混凝土重力坝中部容易出现平行坝轴线的纵向裂缝，而在上、下游面容易出现劈头裂缝和水平裂缝的原因。

（3）应力场仿真计算结果表明，出现应力较大的部位主要分布在以下区域：

1）上游坝踵和下游坝趾附近区域。主要原因是这部分区域处于基础强约束区，同时有部分应力集中。

2）坝体越冬面附近。由于长时间间歇越冬，越冬面上下新老混凝土温度、弹性模量相差较大，导致此部位附近应力较大。

3）夏季浇筑块的上、下游面附近。高应力区与高温区域相对应，主要是由于高温区域在越冬时上、下游面内、外温差较大所致。

4）基础固结灌浆盖板内，主要是基础固结灌浆盖板为板状结构，且位于基础强约束区内，受基础强约束，温度下降过程中应力增长较快。

（4）越冬水平面在覆盖26cm厚棉被越冬期间（11月～次年3月），应力分布规律为：越靠近坝体中部，第一主应力方向接近于顺水流方向水平，而越靠近上、下游面，垂直水流方向水平应力σ_y越大。另外，越冬面保温被揭开时，如果外界气温低于越冬面上混凝土温度，则揭开时受外界气温的"冷击"作用，越冬面上混凝土应力会有较大增长。为了防止揭开时越冬面出现裂缝，要求越冬面保温被应逐步揭开，并且根据不同越冬面通过仿真计算规定保温被完全揭开时外界气温与表面混凝土的温差控制在一定范围内，从现场实践来看，这种揭开方式是成功的。

（5）由于采取了永久保温措施且蓄水后大部分区域在水面以下，大坝上游面应力基本控制在1.5MPa以内；而在采用10cm厚XPS板后，下游面应力在施工期冬季存在局部应力超标现象，但超标深度基本在距表面50cm左右，考虑到下游面出现浅层裂缝对结构稳定影响不大，而覆盖保温板及外部涂刷砂浆后对下游面混凝土兼有密封保护作用，不会影响混凝土耐久性，因此，认为10cm厚XPS板对于下游面永久保温也是合适的。

二、大坝混凝土温度及应力随时间的变化规律

为了解严寒地区RCC重力坝不同区域混凝土温度及应力随时间的变化规律，对不同时间点大坝横剖面的温度场和应力场等值线图（见图4-17～图4-26）以及典型点温度及应力变化过程线（见图4-27～图4-33）进行了对比分析，可以看出：

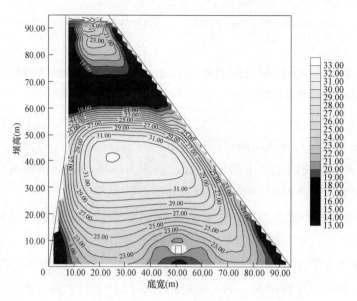

图 4-17　2009 年 7 月 7 日温度场等值线图（单位：℃）

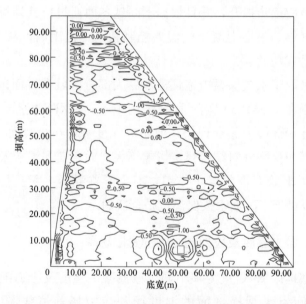

图 4-18　2009 年 7 月 7 日竖向应力 σ_z 等值线图（单位：MPa）

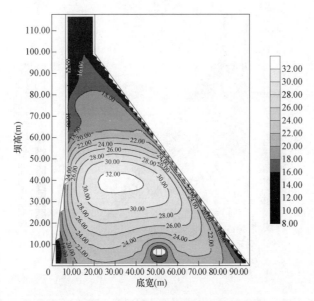

图 4-19　2010 年 1 月 19 日温度场等值线图（单位：℃）

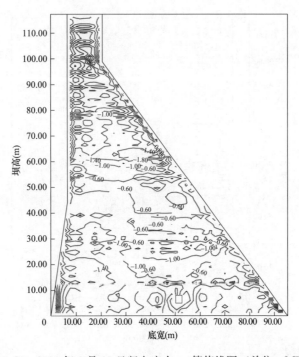

图 4-20　2010 年 1 月 19 日竖向应力 σ_z 等值线图（单位：MPa）

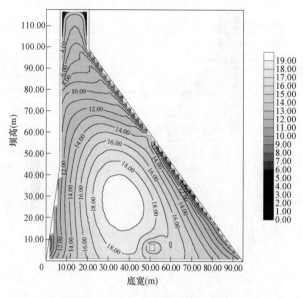

图 4-21 2020 年 1 月 15 日温度场等值线图（单位：℃）

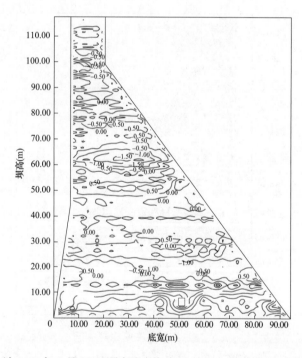

图 4-22 计 2020 年 1 月 15 日顺水流方向水平应力 σ_x 等值线图（单位：MPa）

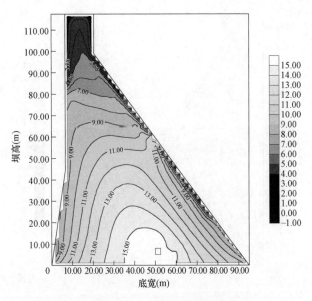

图 4-23 2030 年 1 月 22 日温度场等值线图（单位：℃）

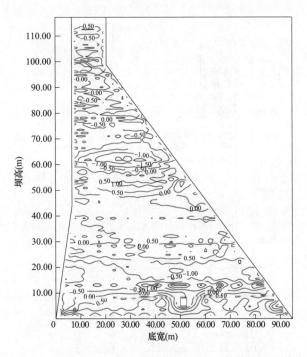

图 4-24 2030 年 1 月 22 日顺水流方向水平应力 σ_x 等值线图（单位：MPa）

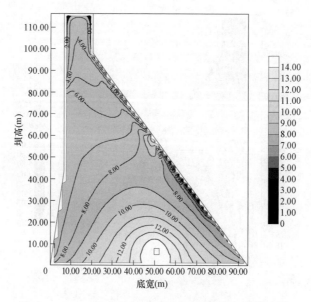

图 4-25　2060 年 1 月 15 日温度场等值线图（单位：℃）

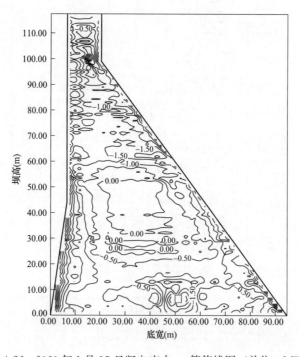

图 4-26　2060 年 1 月 15 日竖向应力 σ_z 等值线图（单位：MPa）

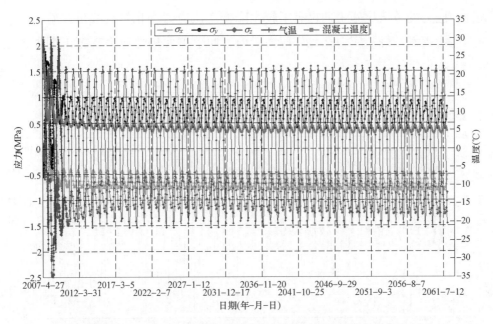

图 4-27　629.0m 高程上游面点温度及应力变化过程线（蓄水后位于水下）

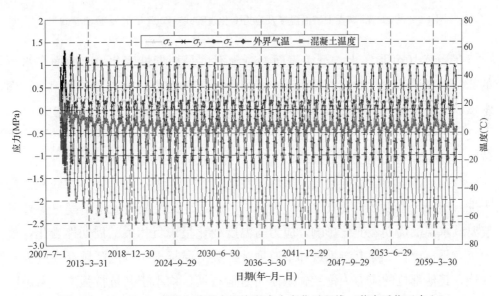

图 4-28　724.5.0m 高程上游面点温度及应力变化过程线（蓄水后位于水上）

（1）上、下游表面：在施工期，上、下游面上温度及应力变化比较剧烈（见图 4-27～图 4-29），在 2007、2008 年及 2009 年冬季拉应力较大。但进入运行期后，随外界气温或水温的周期性变化，上、下游面混凝土的温度及应力也呈现周期性的变化，且混凝土应力的变化与混凝土温度的变化呈明显的负相关性，应力的数值比施工期也有了较大降低。从应力变化过程线可以看出，上游面应力控制较好，应力在允许应力以内；而下游面局部应力在施工期存在超标现象，但超标深度不大。

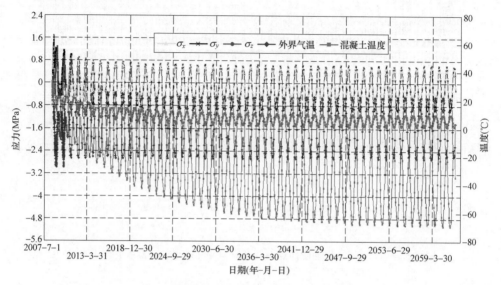

图 4-29　668.9m 高程下游面温度及应力变化过程线（2008 年 7 月 26 日浇筑）

在浇筑 10 年后，上、下游表面混凝土温度呈周期性变化：上游面在水下的部位温度周期变化曲线的振幅较小，以 6～7℃ 为中心，振幅为 0.5～1℃；而水位以上部位温度周期变化的曲线振幅较大，约以 3℃ 为中心，振幅约为 3℃。下游面在水下的部位温度周期变化曲线以 7～8℃ 为中心，振幅约为 0.5℃；水位以上部位温度周期变化的曲线以 3～5℃ 为中心，振幅约为 4℃。

（2）上、下游二级配混凝土区域：在浇筑约 10 年后，上、下游二级配混凝土进入准稳定温度场（见图 4-30、图 4-31）。此时二级配混凝土温度只受外界气温或水温的周期性变化影响，应力与温度变化呈现负相关的周期性变化，最大应力不再增长。除上游坝踵和下游坝趾二级配混凝土小范围区域存在应力超标外，其他部位的应力无论在施工期还是运行期，均小于其抗拉强度，满足防裂要求。上游坝踵及下游坝趾小范围应力超标，主要是由于混凝土位于基础强约束内，同时还存在应力集中的影响。

（3）坝体内部三级配混凝土：在浇筑约 50 年后，坝体内部混凝土基本进入稳定温度场（稳定温度为 6～8℃）。虽然 6、7、8 月浇筑的混凝土最高温度较高（局部超过 30℃），而本地区稳定温度较低，基础温差可达 25℃ 左右，但由于在采取永久保温措施以后，坝体内部的温度降低非常缓慢，而混凝土徐变可

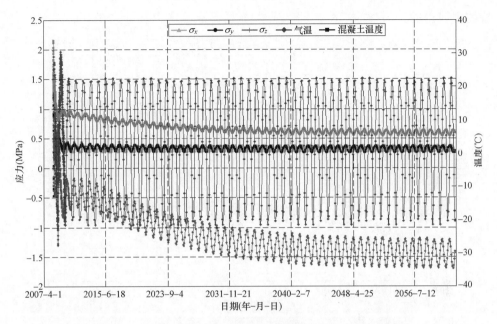

图 4-30 674.0m 高程上游二级配典型点温度及应力变化过程线

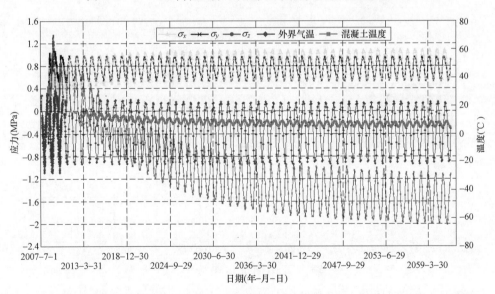

图 4-31 668.9m 高程下游二级配典型点温度及应力变化过程线

比较充分地发挥作用，所以坝体内部最大温度应力基本控制在 1.5MPa 以内（见图 4-32）。在浇筑 30 年以后，虽然温度还在缓慢下降，但坝体内部的应力趋于稳定，基本不再增长。

综上，可以看出：严寒地区碾压混凝土重力坝在实施合适的温控措施后，尤其是实施永久保温以后，其温度场和应力场的空间分布和随时间变化具有独特的规律。

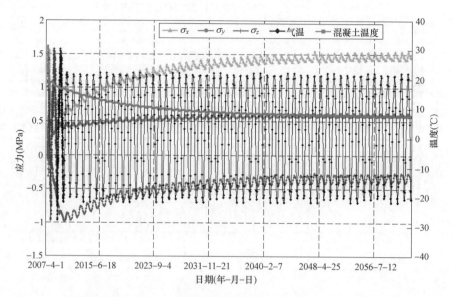

图 4-32　631.0m 高程坝体中部三级配典型点温度及应力变化过程线（2007 年 7 月 29 日浇筑）

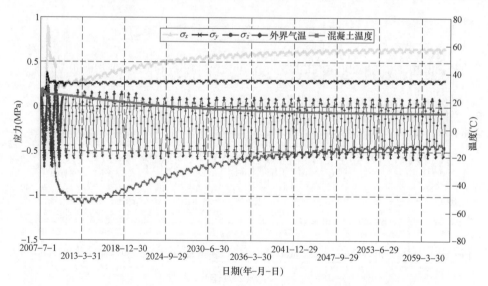

图 4-33　636m 高程坝体中部三级配典型点温度及应力变化过程线（2007 年 9 月 27 日浇筑）

第四节　K 坝施工期温控指标调整计算研究

混凝土大坝的温控指标对于指导施工、防止混凝土裂缝具有重要意义。温控指标一般在设计阶段就给出，依据的基础资料是设计阶段初步拟定的浇筑方案、室内热力学试验参数、温控措施等。但无论是施工方案、材料参数还是温控措施，在施工阶段都可能发生比较大的变化，此时设计阶段拟定的温控指标就失去了意义。

在施工阶段通过反馈分析后，仿真计算所采用的材料参数、计算边界、浇筑方案、温控措施等与现场的情况基本一致，仿真计算得到的温度场和应力场可比较客观地反映大坝的实际温度场和应力场。在此基础上，对设计阶段提出的温控指标进行复核，必要时调整大坝温度控制指标，以更好地反馈设计，指导施工。

一、初设阶段的温度控制指标

在初设阶段，根据推荐的温控方案和施工方案提出了大坝现场浇筑施工的温度控制指标，各指标如下。

（一）浇筑温度

每年 6、7、8 月浇筑温度控制在 17℃，其他月份浇筑混凝土自然入仓，即浇筑温度为旬平均气温，若旬平均气温低于 5℃，则浇筑温度控制在 5℃。

（二）最高温度

混凝土的最高温度是施工过程中控制的重要物理量，根据推荐的方案，大坝施工中的最高温度控制参见表 4-3。

表 4-3　　　　　　　某大坝浇筑混凝土最高温度控制指标表（初设阶段）

坝体部位	二级配混凝土最高温度≤（℃）	三级配混凝土最高温度≤（℃）
基础强约束区	26.0	23.0
基础弱约束区	27.0	25.0

（三）基础温差

均匀分布的基础温差产生的应力与坝块的长度无关。由基岩的传热及混凝土水化热温升产生非均匀温差，此温差产生的应力与坝块的长度有关，浇筑块的长度越大，温度拉应力就越大。

根据在推荐施工方案和温控方案下坝体不同部位的最高温度以及稳定温度，大坝浇筑控制的基础温差参见表 4-4。

表 4-4　　　　　　　　　　某大坝基础温差（初设阶段）

坝体部位	二级配混凝土基础温差≤（℃）	三级配混凝土基础温差≤（℃）
基础强约束区	20.0	17.0
基础弱约束区	21.0	19.0

（四）上、下层温差

上、下层温差主要是由于混凝土浇筑温度的季节性变化和较长时间的停歇所引起，对于混凝土浇筑块，当混凝土浇筑块的长度小于 25m 时，一般情况下，上、下层温差引起的温度拉应力的数值不大。对于碾压混凝土，由于通仓浇筑，坝块较长，上、下层温差易引起的温度拉应力较大。本工程在冬季停浇期间采用 10cm 厚 XPS 板＋2.0m 厚砂土覆盖保温，保温效果较好；另外，在来年的 3 月 1 日～31 日对越冬面底部混凝土通 20℃ 热水加热，可进一步降低上、下层温差。

控制本工程上、下层温差 $\Delta T_{上下} \leqslant 12.0℃$。

（五）内、外温差

控制内、外温差的目的主要是防止表面裂缝，可通过施加表面保温来实现。本工程采用 XPS 板（或具有同等保温效果的材料）来进行保温，上游面保温板厚度 8cm，下游面保温板厚度 10cm；越冬面采用 10cm 厚 XPS 板＋2.0m 厚砂石。

采用上述措施进行表面保温后，可使混凝土的内、外温差 $\Delta T_{内外} \leqslant 19.0℃$。

二、大坝施工阶段温度控制指标的调整

根据反馈分析的结果进行仿真计算以后，大坝温度控制指标调整如下。

（一）浇筑温度

基础强约束区混凝土的浇筑温度按照表 4-5 进行控制，基础弱约束区和非约束区混凝土的浇筑温度按照表 4-6 进行控制。

另外，值得注意的是：如果条件允许，可在低温期浇筑混凝土，其浇筑温度不能太低，不能低于 5℃。

（二）最高温度

浇筑温度的控制可按照表 4-7 进行。

（三）基础温差

大坝浇筑控制的基础温差参见表 4-8。

（四）上、下层温差

本工程当冬季停浇期间采用 26cm 厚棉被覆盖保温，保温效果较好，上、下层温差调整为 $\Delta T_{上下} \leqslant 12.0℃$。

（五）内、外温差

控制内、外温差目的主要是防止表面裂缝，可通过施加表面保温来实现。

表 4-5 基础强约束区混凝土
浇筑温度控制指标表

月份	旬	浇筑温度≤(℃)
4	10	9.0
	11	13.5
	12	13.5
5	13	15.0
	14	17.0
	15	17.0
6	16	17.0
	17	17.0
	18	17.0
7	19	17.0
	20	17.0
	21	17.0
8	22	17.0
	23	17.0
	24	17.0
9	25	16.5
	26	16.0
	27	15.0
10	28	10.0
	29	10.0
	30	9.0

表 4-6 基础弱约束区及非约
束区混凝土浇筑温度控制指标表

月份	旬	浇筑温度≤(℃)
4	10	9.0
	11	13.5
	12	13.5
5	13	15.0
	14	18.0
	15	18.0
6	16	19.0
	17	20.0
	18	20.0
7	19	21.0
	20	22.0
	21	22.0
8	22	21.0
	23	20.0
	24	17.0
9	25	16.5
	26	16.0
	27	15.0
10	28	10.0
	29	10.0
	30	9.0

表 4-7 某大坝最高温度控制指标表（施工阶段）

坝体部位	二级配混凝土最高温度≤(℃)	三级配混凝土最高温度≤(℃)
基础强约束区	26.0	25.0
基础弱约束区	31.0	30.0
非约束区	32.0	31.0

表 4-8 某大坝基础温差（施工阶段）

坝体部位	二级配混凝土基础温差≤(℃)	三级配混凝土基础温差≤(℃)
基础强约束区	20.0	19.0
基础弱约束区	25.0	24.0

本工程上、下游面采用 XPS 板来进行保温，上游面 2007 年越冬面以下采用 5cmXPS 板＋填土方式进行保温，2007 年越冬面以上采用 10cm 厚保温板进行保温；下游面采用 10cm 厚 XPS 板进行保温；越冬面采用 26cm 厚棉进行保温。

采用上述措施进行表面保温后，可使混凝土的内、外温差 $\Delta T_{内外} \leqslant 19.0℃$。

三、温度控制指标调整说明

（一）浇筑温度的调整

在初设阶段，为了控制坝体最高温度，提出无论对基础强约束区、弱约束区还是非约束区，6～8 月浇筑温度控制在 17℃ 以下，其他可施工月份自然入仓。

在施工阶段，通过跟踪仿真及反馈分析，可以得出结论：除基础强约束区浇筑温度必须严格控制外，基础弱约束区和非约束区浇筑温度可适当放宽，因此，对这两个部位 6～8 月混凝土浇筑温度可控制在 20～22℃ 以内。

另外，为了便于工地现场对浇筑温度进行控制，对不同坝体部位不同施工月份分别提出不同的控制标准。

（二）最高温度的调整

坝体基础强约束区、弱约束区及非约束区允许的最高温度是根据工地现场的实际温控措施、实际的计算边界条件、实测的外界环境温度等重新进行仿真计算得到的。与初设阶段相比，施工阶段基础强约束区最高温度基本未做调整，而弱约束区及非约束区最高温度同初设阶段相比有了较大提高。

在施工阶段最高温度控制指标下，最新的仿真计算表明，混凝土的应力可满足防裂要求（不同龄期混凝土的允许抗裂应力见表 4-9）。

（三）基础温差的调整

根据初设阶段大坝稳定温度场的计算，大坝坝基稳定温度约为 6℃。

在上述坝体不同部位最高温度调整以后，坝基基础温差也相应做了调整。从调整后基础强约束区和弱约束区的温差来看，推荐的基础温差超过规范规定的标准。但仿真计算的结果表明：在此基础温差条件下，大坝基础约束区除大坝上游坝踵、下游坝趾等局部部位外，可满足抗裂要求。

（四）上、下层温差的调整

在初设阶段中，上、下层温差控制为 12℃ 以内，而施工阶段调整到 15℃ 以内，主要原因是初设阶段降低上、下层温差的温控措施中包含了老混凝土预埋水管在来年开春浇筑前进行通热水升温的措施。

表 4-9　　　　　　　　　　坝体混凝土不同龄期允许应力统计表

混凝土部位及强度等级	允许水平应力或主应力（MPa）			上游面竖向允许拉应力（MPa）		
	28（d）	90（d）	180（d）	28（d）	90（d）	180（d）
Ⅰ-1 区 R₁₈₀200W10F300 上游死水位以上及下游水位变动区外部混凝土	1.33	1.76	2.24	1.01	1.38	1.61
Ⅰ-2 区 R₁₈₀200W10F100 上游死水位以下外部混凝土	1.19	1.67	2.01	0.95	1.18	1.40
Ⅱ-1 区 R₁₈₀200W6F200 下游水位变动区以上外部混凝土	1.27	1.71	2.15	—	—	—
Ⅱ-2 区 R₁₈₀150W4F50 650m 高程以上坝体内部三级配混凝土	0.90	1.33	1.71	—	—	—
Ⅱ-3 区 R₁₈₀200W4F50 650m 高程以下坝体内部三级配混凝土	0.95	1.41	1.81	—	—	—
Ⅲ 区 R₂₈200W8F100	1.88	—	—			
Ⅳ 区 R₂₈250W8F200	2.16	—	—			
Ⅴ 区 R₂₈400W8F300	3.02	—	—			

而在施工阶段中，通过仿真计算发现，如冬季越冬面采用 26cm 棉被覆盖保温，即使把老混凝土通热水的措施取消，上、下层温差控制在 15℃ 以内，仍然满足抗裂要求，故在施工阶段，上、下层温差调整为 15℃。

第五节　严寒地区碾压混凝土重力坝温控防裂措施

一、严寒地区的气候特点

严寒地区的气候特点可以归结为"冷""热""风""干"四个因素。"冷"是指严寒地区冬季漫长而寒冷，年平均气温低，且一年四季中寒潮频繁。年平均气温低，导致大坝稳定温度较低，防止基础贯穿性裂缝难度大；寒潮频繁将导致施工期间混凝土表面容易出现浅层裂缝。"热"是指夏季太阳辐射热强，气温较高，这将导致大坝混凝土的最高温度较高，从而引起基础温差和内外温差超标。"风"是指春、秋及冬季风力较强。"干"是指空气湿度低，容易导致混凝土干缩裂缝产生。

上述气候特点再加上碾压混凝土重力坝通仓浇筑、快速上升的施工特点，决定了在严寒地区修建碾压混凝土坝防裂难度很大。

二、严寒地区碾压混凝土重力坝的防裂措施

(一) 优化混凝土的配合比

优化混凝土的配合比的目的包括：改善混凝土本身的抗裂性能；降低混凝土的绝热温升并减缓早期发热速率；改善混凝土的自生体积变形；减小混凝土的线胀系数；提高混凝土材料的徐变度。具体采取的措施包括：掺用混合料；采用低热水泥；掺加 MgO；采用灰岩骨料等。

(二) 施工过程中的温控措施

1. 降低混凝土出机口温度

降低混凝土出机口温度的措施包括：骨料堆搭设凉棚；对骨料采用一次、二次风冷；缩短骨料进仓时间；夏季对储料罐进行保温隔热；采用制冷水拌和混凝土等。

K 坝在混凝土夏季高温期施工过程中，每 2h 测量一次出机口温度，并进行专门记录。出机口温度实测结果表明：K 坝混凝土出机口温度在 6～8 月控制在 14～17℃。

2. 混凝土运输过程温度控制

混凝土运输过程温度控制采取的措施包括：对运输车采用遮阳措施；尽量缩短运输周转时间等。K 坝现场跟踪检测表明：混凝土在夏季白天运输过程中，平均每公里运输路程温度约回升 1.5℃。

3. 混凝土浇筑温度控制

混凝土入仓后应及时摊铺，尽快碾压。不能及时碾压部位，应及时覆盖隔热被减少热量回灌。

4. 仓面喷雾

严寒地区夏季炎热，太阳辐射强，空气相对湿度较低，这对防止混凝土干缩裂缝不利。仓面喷雾对改善浇筑仓面小气候具有一定效果，可降低仓面气温 3～4℃，同时可提高空气的湿度。另外，对于严寒干燥地区，喷雾有利于混凝土摊铺后表面失水的补给，这对提高碾压层面的泛浆作用明显，有利于层面的结合。

5. 仓面喷淋

对于特别干燥的坝址区，夏季浇筑混凝土时可采用仓面喷淋方式。一般仓面喷淋与临时保温配套使用，通过喷淋在临时保温被上形成一层水膜，一方面可防止外界热量倒灌入混凝土，另一方面可起到表面流水的降温作用，效果

明显。

6. 通水冷却

对于严寒地区碾压混凝土重力坝，通水冷却一般分为两期：一期通水冷却在混凝土刚浇筑完毕后即实施，目的是削减混凝土的最高温度；二期冷却一般在大坝入冬前对上、下游表面附近混凝土实施，目的是入冬前进一步降低混凝土温度，以减小越冬期间上、下游表面附近混凝土的内、外温差，控制温度应力不超标。

关于冷却水管的布置：一般二级配混凝土较三级配混凝土布置更加密集，以保证冷却效果。另外，冷却水一般在夏季采用制冷水，在其他季节可考虑采用河水。

7. 保温

保温措施是严寒地区碾压混凝土重力坝温控防裂最重要的措施。在施工期和运行期，严寒地区碾压混凝土重力坝温控保温有以下三种方式：

（1）临时保温。

严寒地区寒潮频繁，寒潮"无时不在"，甚至在夏季也经常出现。为了防止寒潮对混凝土表面的冷击，防止施工期表面裂缝的出现，需要在整个施工期采取临时保温措施。临时保温是指大坝施工期间，本层浇筑结束后而上层浇筑层浇筑前的间歇期中，对浇筑层水平面和上、下游面等裸露面覆盖 2~3cm 的保温被进行保温，临时保温一般采用柔性比较好的聚乙烯被。浇筑层面临时保温被在浇筑上层混凝土前揭去，而上、下游面临时保温被一直到实施永久保温前才揭去。

（2）永久保温。

温控研究成果表明：在严寒地区浇筑碾压混凝土重力坝，为了防止上、下游面水平裂缝及劈头缝，必须对大坝上、下游面实施永久保温。所谓永久保温是指在大坝的上、下游面粘贴保温材料对混凝土进行保温的工程措施，它一般在施工期实施，伴随大坝的运行一直发挥作用。大坝实施永久保温是为了控制坝体施工期和运行期上、下游面附近混凝土温度梯度，减小温度应力，防止裂缝的产生。

（3）越冬保温。

严寒地区冬季一般要停浇越冬，对于越冬水平面必须实施越冬保温。越冬水平面保温的目的：一是保证越冬水平面混凝土在冬季不出现裂缝，如保温能力不够，会导致越冬期间越冬面上出现众多的表面和深层裂缝；二是为越冬面底部混凝土"蓄热"，在冬季不能使这部分混凝土降温过多，从而保证来年新浇混凝土与老混凝土的上、下层温差不至过大，以有效防止越冬水平面开裂。

8. 结构措施

结构措施一般包括设置较小间距的横缝以减小坝段中部的温度应力，主河床坝段横缝间距不超过 15m；岸坡坝段不超过 20m。另外，对于坝体应力较高的部位，如溢流面反弧段、上游水位变化区、越冬层面等可人为设置诱导缝，当此部位产生较大的温度应力时，诱导缝可先行开裂，释放部分应力，从而防止混凝土出现裂缝。当然，对于诱导缝要做好结构设计，特别是防渗措施和防劈裂措施。

第五章

设置诱导缝削减碾压混凝土
重力坝温度应力的效果研究

表面保温对于严寒地区碾压混凝土坝裂缝控制具有重要的作用。在实际工程中，坝体的局部部位即使实施保温后温度应力也较大，有些部位因为运行条件无法实施表面保温。在此情况下，本章以丰满拟建的碾压混凝土重力坝为依托，把诱导缝这一在拱坝中经常采用的结构措施引入到重力坝中，初步研究了诱导缝在上游坝面水位变化区及溢流面的应用效果。

严寒地区碾压混凝土重力坝，现场施工时即使采取了比较严格的温控措施，其局部的温度应力也可能较大，如越冬水平面附近、溢流坝段反弧段等部位。另外，严寒地区的碾压混凝土重力坝，永久保温对于防止坝面混凝土裂缝具有非常重要的作用，但在工程实际中，有些部位的永久保温很难实施，如水位变化区，由于水位变化及冬季冰拔等，保温板容易脱落；溢流坝段的溢流面在高速水流的作用下，保温板也极易脱落。一旦保温板脱落，在内外温差产生的较大温度梯度作用下，大坝会产生表面裂缝，进而可能发展成为深层危害裂缝。诱导缝是在坝体内某断面上人为地采取一些措施形成间断裂缝，降低该断面的平均刚度和抗拉强度，当此部位产生较大的温度应力时，诱导缝可先行开裂，释放部分应力，从而防止或缓解其他部位混凝土出现裂缝。

丰满水电站全面治理工程预可行性研究阶段进行了全面加固及重建两个方案的比较，并最终选择重建方案为丰满大坝全面治理方案。重建后的丰满工程主要建筑物包括大坝、左岸泄洪洞、坝后式厂房和开关站等，均为1级建筑物。坝址布置在原坝址下游120m处，坝型选定为碾压混凝土重力坝，最大坝高94.50m，坝顶长1068.00m。

丰满大坝地处严寒地区，气温年内变幅很大，冬季1月月平均气温达−17.4℃，夏季7月月平均气温22℃，高达40℃的气温年变幅在大坝坝体形成了较大的内、外温差，为减小内、外温差，防止在大坝表面产生裂缝，比较有效的措施之一是对大坝进行永久保温。但丰满大坝冬季上游水库水面结冰，在水位变化时，冰的拉拔力可能会造成永久保温板的脱落；对于溢流坝段，在运行期当有过水需要时，溢流面上覆盖的保温板也极易被冲掉。在上述保温板失效的情况下，大坝上、下游面及溢流面的部分区域就直接与外界空气或水接触，产生较大的拉应力，极易出现表面裂缝，在渗水作用下，还有可能逐渐扩展成深层裂缝，危害大坝的安全。

为了削减水位变化区及溢流面保温板失效后的温度应力，分别考虑施工期在上游水位变动区（死水位和正常蓄水位之间），以及下游溢流面反弧段设置水平或垂直诱导缝，分析诱导缝释放大坝局部应力的效果。

一、大坝基本温控措施

丰满大坝挡水坝段的基本温控措施如下。

（一）浇筑温度

夏季浇筑的混凝土，其浇筑温度控制为不超过15℃，其他月份浇筑的混凝土自然入仓。

（二）水管通水冷却降温

水管通水冷却是大坝混凝土浇筑后进行温度削峰、控制混凝土最高温度的有效措施。

1. 冷却水管布置

浇筑在基础强约束区（坝高12.3m以下）的混凝土，冷却水管可采用1.0m×1.0m的布置方式，弱约束区及夏季浇筑的非强约束区混凝土，冷却水管的布置为1.5m×1.5m，其他区域浇筑的混凝土，冷却水管采用3.0m×3.0m的布置方式。

2. 一期冷却

大坝混凝土一期冷却是在混凝土浇筑初期进行的通水冷却，其主要目的是控制混凝土的最高温度。对所有浇筑的混凝土需进行一期冷却，水温参考老库水温资料。在浇筑混凝土后当天即开始通水进行冷却，冷却结束时间为混凝土浇筑以后15d。

3. 二期冷却

二期冷却是对每年夏季浇筑的混凝土在入冬前通水进行冷却，以减小大坝上、下游面附近混凝土的内、外温差和越冬层面的内、外温差，减小越冬时的

温度应力。对夏季（6~8 月份）浇筑的混凝土，在当年 11 月 1~15 日共计 15d
进行二期通水冷却，水温为 8℃。

（三）临时保温

在新浇混凝土的上、下游表面及浇筑层面上覆盖 2cm 厚的聚乙烯保温被
［等效放热系数为 98.58kJ/（m²·d·℃）］进行临时保温。

（四）上、下游面永久保温

上、下游面所选保温材料的等效放热系数分别为 29.79kJ/（m²·d·℃）和
23.90kJ/（m²·d·℃），采用喷涂发泡聚氨酯保温，保温厚度分别为 8cm
和 10cm。

关于上、下游表面实施永久保温的时机：在每年的 10 月初开始喷涂聚
氨酯做永久保温，并在 11 月底前完成当年浇筑混凝土上、下游面的永久
保温。

（五）越冬面保温

每个越冬顶面采用等效放热系数为 29.79kJ/（m²·d·℃）的保温材料进行
保温，且在来年浇筑新混凝土前再揭开。

二、上游水位变化区设置诱导缝效果分析

大坝典型挡水坝段的断面如图 5-1 所示，考虑大坝运行期水位变动区保温
板被水面结冰拉拔掉的现象，假定大坝进入运行期第二年以后，上游面死水
位（高程 242.0m）以上、正常蓄水位（高程 263.0m）以下的保温板失效，坝
面与水直接接触，其余地方永久保温。

（一）保温失效分析

从大坝典型部位应力包络线（见图 5-2）可以看出：如大坝进入运行期第
二年上游保温板脱落，则上游表面点最大应力达 2.0MPa 左右，超过混凝土的
允许拉应力，很可能出现浅层裂缝。

（二）诱导缝效果分析

1. 一条诱导缝

考虑在上游死水位（高程 242m）以上、正常蓄水位（高程 263.5m）以下
设置水平诱导缝，以释放部分坝面应力。具体布置为：在高程为 250m 的上游
坝面沿水平方向设置一条诱导缝，如图 5-3 中的⑧点和⑨点之间，缝深 1m，缝

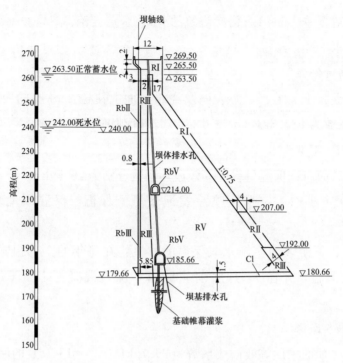

图 5-1　丰满典型挡水坝段断面图

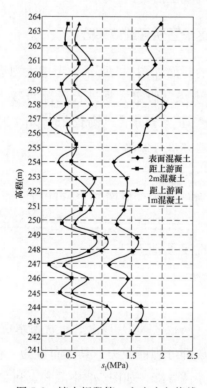

图 5-2　挡水坝段第一主应力包络线

宽 5cm。在有限元模型中,诱导缝采用变形模量接近于零的薄层实体单元进行模拟。

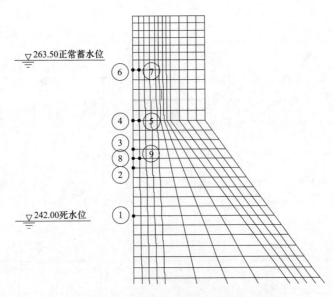

图 5-3 丰满大坝挡水坝段典型点分布示意图

诱导缝设置位置处的温度与应力变化过程线如图 5-4 和图 5-5 所示。

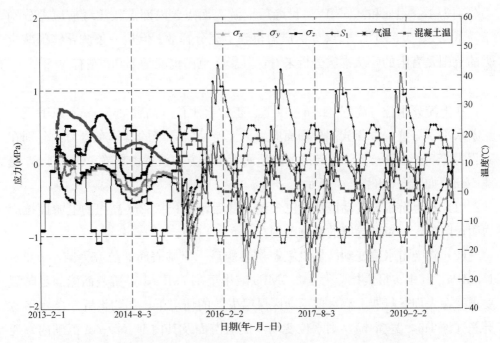

图 5-4 诱导缝上游表面典型点(8 点)温度及应力变化过程线

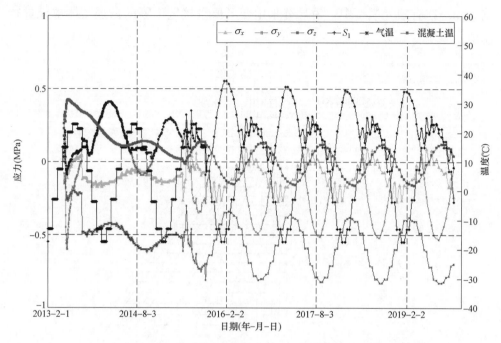

图 5-5　诱导缝上游二级配典型点（9 点）温度及应力变化过程线

上游水位变动区诱导缝上游表面点（8 点）和内部点（9 点）的最大拉应力分别为 1.3MPa 和 0.6MPa，设缝后上游表面点、内部点较设缝前应力分别下降了 0.3、0.5MPa，设缝处的应力得到了充分释放。但从一条诱导缝削减应力的范围是有限的，从本次分析来看，其影响范围也就是 3.0m 左右。

2. 三条诱导缝

在上游死水位（高程 242m）以上、正常蓄水位（高程 263.5m）以下设置三条水平诱导缝，以释放部分坝面应力。上游面诱导缝的具体布置为：分别在高程为 255m、258m 和 262m 的上游坝面沿水平方向设置诱导缝，缝深 1m，缝宽 5cm，如图 5-6 和图 5-7 所示。

（1）在上游水位变动区加设三条诱导缝后，253～262m 高程的上游面拉应力明显降低，一条诱导缝的影响范围在 3.5～5.0m。

（2）在上游水位变动区加设三条诱导缝后，上游表面的拉应力减小 0.2～1.3MPa，其中，最大拉应力从 2.0MPa 减小至 1.7MPa，上游表面能满足防裂要求；在大坝运行期上游水位变动区保温失效的情况下，均匀设置三条水平诱导缝（深 1m，宽 5cm），则水位变动区的上游面及其内部（深 2m 范围内）混凝土的拉应力均小于混凝土的允许拉应力，说明设置水平诱导缝能有效释放该部位的拉应力水平，达到防裂要求。

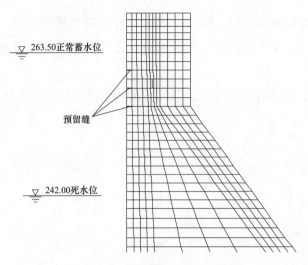

图 5-6 上游面三条水平诱导缝示意图

三、溢流坝段诱导缝设置分析

（一）保温失效分析

大坝典型溢流坝段的断面如图 5-8 所示，在运行期，当溢流坝段有过水需要时，溢流面上覆盖的保温板极易被冲掉。为了考察溢流坝段在上述保温板失

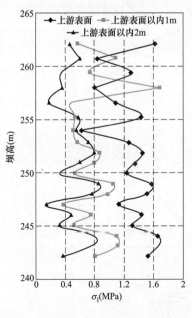

图 5-7 上游面三条水平诱导缝示意图

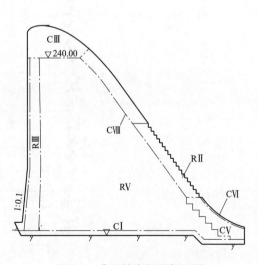

图 5-8 典型挡水坝段断面图

效情况下的温度场和温度应力的分布规律，假定溢流坝段运行一年时，溢流坝段上游死水位以上及下游面的保温板失效，这些区域的表面混凝土均直接与空气或水接触。

溢流坝段中横剖面最大主拉应力包络图和包络线如图 5-9 和图 5-10 所示。

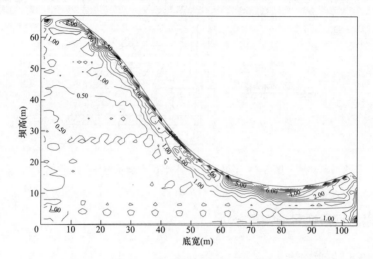

图 5-9　溢流坝段最大主拉应力包络图（单位：MPa）

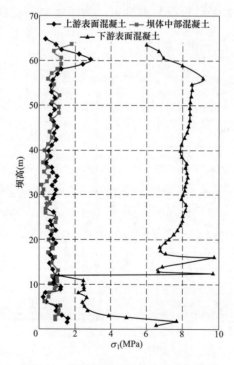

图 5-10　溢流坝段最大主拉应力包络线

从图 5-9 和图 5-10 可以看出，溢流坝段最大拉应力位于溢流表面及附近混凝土，且数值较大，这是由于考虑了溢流面的单独浇筑过程，溢流面内侧混凝土对其约束作用得到体现，同时，运行期溢流面直接暴露在空气或者水中，溢流面混凝土与内部混凝土的温差较大，产生的温度应力也较大。溢流面的最大拉应力在 8.0MPa 左右，且拉应力平均超标深度在 3.5m 左右，在反弧段附近超标深度甚至达 6m。可见，如果在运行期溢流面的保温板失效，则在后续运行中溢流面很可能会出现数量众多、深度较深的裂缝。

（二）溢流面反弧段设置竖直诱导缝分析

研究在溢流面反弧段底部（高程 197.0m）设置垂直表面的预留缝（见图 5-11，预留缝深度 0.5m）后，对缓解反弧段应力集中的作用。

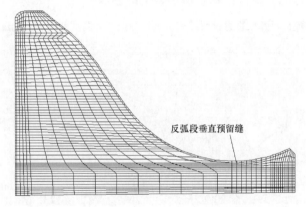

图 5-11　溢流面反弧段垂直预留缝示意图

如图 5-12 及图 5-13 所示为诱导缝底部和顶部点设缝前后温度及应力变化

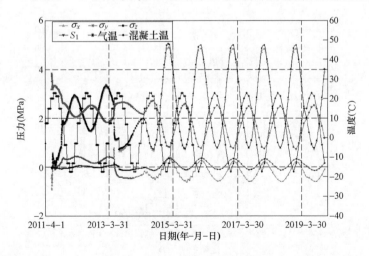

图 5-12　溢流面反弧段垂直预留缝底部点设缝前、后温度及应力变化过程线（一）

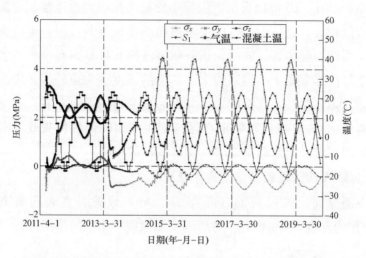

图 5-12　溢流面反弧段垂直预留缝底部点设缝前、后温度及应力变化过程线（二）

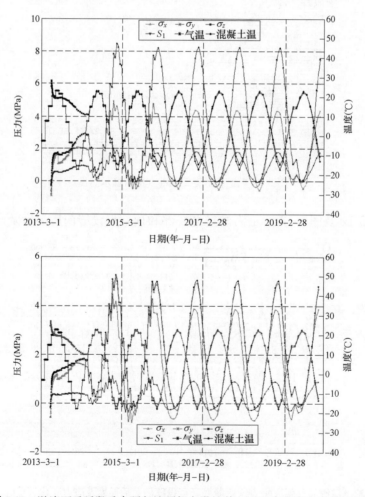

图 5-13　溢流面反弧段垂直预留缝顶部点设缝前、后温度及应力变化过程线

过程线。可以看出，在反弧段设置预留缝之后，设缝部位局部应力得到释放，该位置最大应力下降明显，应力超标深度减小约 1.0m；预留缝底部典型点位置的最大拉应力从 5.0MPa 减小至 4.4MPa，预留缝顶部典型点位置的最大拉应力从 8.5MPa 减小至 5.3 MPa。因此，在溢流坝段反弧段应力过大的部位设置预留缝，能有效地达到释放应力、缓解局部应力集中的目的。

（三）溢流面设置水平诱导缝分析

为了释放溢流坝段溢流面较大的拉应力，在高程为 212.5m 和 232.5m 的下游坝面沿水平方向设置预留缝，缝深 3m，缝宽 5cm，如图 5-14 所示。溢流坝段最大主应力包络图和包络线（溢流面设置诱导缝后）如图 5-15 和图 5-16 所示。

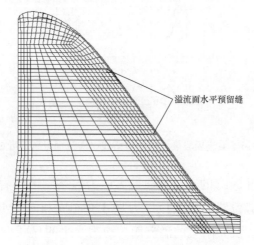

图 5-14　溢流面水平诱导缝设置示意图

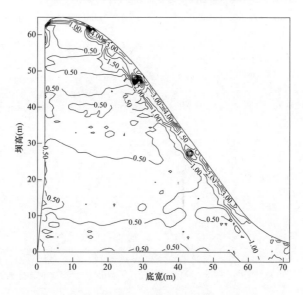

图 5-15　溢流坝段最大主应力包络图（单位：MPa）

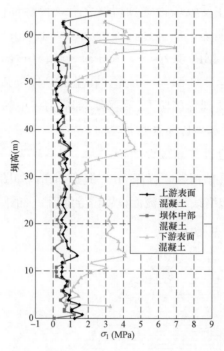

图 5-16　溢流坝段最大应力包络线（溢流面设置诱导缝后）

　　对比图 5-9 和图 5-15 的溢流坝段最大应力包络图可以看出，设置了水平预留缝后，两条预留缝位置的最大拉应力从 4.0MPa 和 6.0MPa 降至 1.0MPa 左右；两条预留缝之间及其附近的溢流面拉应力水平明显减小，从 4～6MPa 降至 1～4MPa。每条预留缝的影响范围约为上、下 5m。

第六章

严寒地区重力坝置换混凝土温度应力研究

严寒地区混凝土重力坝在运行多年后往往容易发生裂缝、碳化、冻融剥蚀、坝体渗漏、溶蚀等病害缺陷，为了保证大坝运行的安全性，有时需要置换坝体内部混凝土进行修补加固，同时对老坝下游面采用贴坡混凝土进行保护。老坝内部置换混凝土和下游面贴坡新混凝土具有比较独特的温度应力变化规律，涉及的关键技术问题包括新混凝土防裂，新、老混凝土结合，新浇混凝土温度和变形对老坝温度场和应力场的影响等。本章依托丰满老坝工程针对这些问题进行了初步研究。

第一节 丰满老坝综合治理方案

严寒地区修建的混凝土坝运行环境恶劣，混凝土裂缝、碳化、水位变化区冻融剥蚀、冰拔破坏、渗漏、溶蚀等病害时有发生。在运行多年后，为了保证混凝土老坝运行安全，需要对老坝混凝土进行修补加固。置换坝体内部混凝土，利用新混凝土形成一道防渗墙是解决大坝上游整体渗漏的方案之一，即通过工程措施挖除大坝内部一定区域的老混凝土，采用新混凝土置换，同时在大坝下游面贴坡一定厚度的混凝土进行保护。严寒地区坝体内部置换混凝土及大坝加高面临着一系列温度应力问题，需要通过仿真计算进行深入研究，以了解新、老坝体温度和应力变化规律，提出合适的工程措施，保证新老坝体的安全。

丰满水电站大坝于 1937 年开始兴建，1942 年蓄水。大坝为混凝土重力坝，全长 1080m，共 60 个坝段，最大坝高 91.7m。丰满大坝是我国最老的坝之一，建成多年后存在的病害较多，如坝体混凝土强度偏低、均匀性差，接缝和施工缝处理不当造成大坝整体性差，坝体扬压力偏高，渗漏、冻胀、溶蚀等因素引发的老化现象明显、老化速度加快。丰满大坝在不利状态下已经蓄水运行几十年，虽经多次维修加固，大坝存在的缺陷得到了一定程度的改善，大坝的老化进程也有所缓解，但上述缺陷仍严重影响着大坝的安全运行。

在前期对丰满大坝病害全面治理的各种方案进行了细致的研究，经过对各治理方案经济、技术、施工、环境及对东北电网的影响等多方面的综合比较，坝内置换混凝土防渗心墙以及下游面贴坡的综合治理方案具有一定的优越性。

坝体内置换混凝土防渗墙方案即在大坝下游面挖交通洞至上游坝内防渗墙部位，然后垂直开挖竖井，边开挖边置换新混凝土，待新混凝土固结后再开挖老混凝土，然后再浇筑新混凝土，周而复始，从而完成老坝内部防渗墙的开挖和置换工作。

坝体置换混凝土防渗墙方案的配套方案为：待置换混凝土完成后，在大坝下游面增加足够厚度的混凝土，与防渗心墙形成新的大坝断面。

第二节　丰满老新混凝土热力学参数

一、气温

丰满大坝所处环境多年月平均气温如图 6-1 所示。

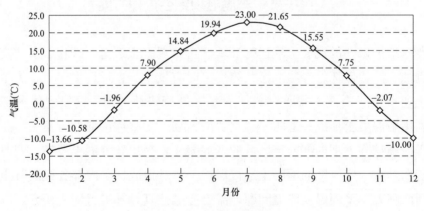

图 6-1　多年月平均气温

从多年月平均气温资料可以看出：丰满坝址区年内气温变化较大，最低气温出现在 1 月份，最高气温出现在 7 月份。

二、库水温

丰满水库库底年均水温取为 6℃，水温水深方向的变化规律为：

$$T(y,t) = 5.67 + 5.43e^{-0.04y} + 13.4e^{-0.018y}\cos[\omega(t + 1.3e^{-0.085y} - 8.65)]$$

$$(6-1)$$

其中，y 为水深（m），t 为时间（月）。由此可以得到丰满水库月平均库水温随水深和时间变化的曲线，如图 6-2 所示。

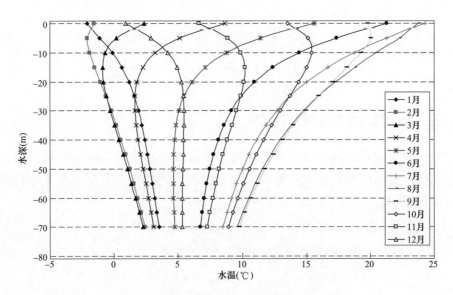

图 6-2　丰满水库月平均库水温随水深变化线

三、基岩热力学参数

基础变质砾岩容重为 $2.75t/m^3$，泊松比 $\mu_R = 0.21$，基础弹模为 15GPa，基岩的热学性能参数见表 6-1。

表 6-1　　　　　　　　　　基岩材料热学性能参数表

材料	导热系数 [kJ/(m·h·℃)]	导温系数 (m²/h)	比热 [kJ/(kg·℃)]	线胀系数 (10⁻⁶/℃)
基岩	8.60	0.00342	0.967	7.0

四、老坝混凝土导温系数、线膨胀系数及绝热温升

老坝导温系数为 $0.0043m^2/h$，线胀系数取值为 $\alpha = 7 \times 10^{-6}/℃$。由于缺少丰满老坝坝体混凝土材料试验的相关资料，在老坝施工仿真计算过程中，混凝土绝热温升随时间的变化过程通过经验公式确定，如图 6-3 所示。

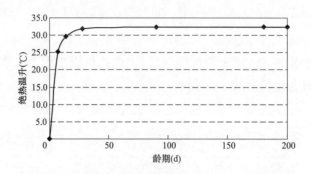

图 6-3　丰满大坝老坝混凝土绝热温升—龄期变化过程

五、老坝混凝土弹性模量及徐变

由于缺少混凝土材料试验相关资料，弹性模量和徐变的相关参数根据经验拟定。根据对国内外大量实验资料进行分析整理的结果，老坝混凝土弹性模量和徐变度采用式（6-2）和式（6-3）计算。

$$E(\tau) = E_0 \times (1 - e^{-0.40\tau^{0.34}}) \tag{6-2}$$

$$C(t,\tau) = C_1(1 + 9.20\tau^{-0.45})[1 - e^{-0.30(t-\tau)}] +$$
$$C_2(1 + 1.70\tau^{-0.45})[1 - e^{-0.0050(t-\tau)}] \tag{6-3}$$

根据丰满大坝《大坝混凝土及岩石物理力学性能试验汇编》，于 1970 年对丰满大坝混凝土及基岩进行了力学性能试验，根据试验结果，大坝混凝土总体平均静弹模为 21.3GPa，泊松比为 0.25。

取丰满大坝坝体混凝土最终弹性模量 $E_0 = 21.3$GPa，则混凝土弹性模量随龄期的变化过程如图 6-4 所示。

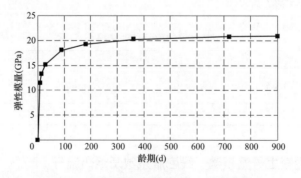

图 6-4　老坝混凝土弹性模量—龄期曲线

徐变度计算公式中，参数 $C_1 = 0.23/E_0 = 1.08 \times 10^{-11}$，$C_2 = 0.52/E_0 = 2.44 \times 10^{-11}$。

六、丰满大坝加固新混凝土热力学参数

丰满大坝加固坝体混凝土力学、热学性能指标参见表6-2～表6-5。

表6-2 丰满大坝加固新混凝土物理力学指标表

配合比编号	混凝土部位及强度等级	龄期 (d)	抗压强度 (MPa)	轴拉强度 (MPa)	抗压弹模 (GPa)	极限拉伸 (×10^{-4})
1-2	挡水坝段 C$_{90}$25W8F300 外包混凝土（三级配）	7	16	1.75	26	0.81
		28	31	2.38	32	0.87
		90	44	3.18	35	1.02
		180	55	3.85	38	1.30
2-1	三级配坝体内部防渗墙置换混凝土	7	25	2.35	32	0.92
		28	41	3.15	37	1.05
		90	55	3.90	41	1.20
		180	63	4.45	44	1.40

表6-3 混凝土热学性能试验成果表

配合比编号	混凝土部位及强度等级	比热 [kJ/(kg·℃)]	导热系数 [kJ/(m·h·℃)]	导温系数 (m²/h)	热膨胀系数 (10^{-6}/℃)
1-2	挡水坝段 C$_{90}$25W8F300 外包混凝土	0.853	8.630	0.004	7.92
2-1	三级配坝体内部防渗墙置换混凝土	0.896	6.553	0.003	4.88

表6-4 丰满大坝加固混凝土绝热温升试验成果表

配合比编号	混凝土部位及强度等级	温升值（℃）							最终绝热温升	拟合公式
		1	3	5	7	14	21	28		
1-2	挡水坝段 C$_{90}$25W8F300 外包混凝土	14	20.8	23.5	24.9	26.5	27.2	27.5	28.6	$T=\dfrac{28.6t}{t+1.07}$
2-1	三级配坝体内部防渗墙置换混凝土	14.9	22.9	26.1	27.1	27.6	27.7	27.7	28.4	$T=\dfrac{28.4t}{t+0.53}$

加固新混凝土的徐变度采用如下公式：

$$C(t,\tau)=\left(A_1+\frac{B_1}{\tau}\right)\left[1-\mathrm{e}^{-r_1(t-\tau)}\right]+\left(A_2+\frac{B_2}{\tau}\right)\left[1-\mathrm{e}^{-r_2(t-\tau)}\right] \quad (6\text{-}4)$$

混凝土徐变度参数见表6-6。

表 6-5 丰满大坝加固混凝土自身体积变形试验成果表

配合比编号	混凝土部位及强度等级	自生体积变形（×10⁻⁶）											
		3d	7d	14d	21d	28d	45d	65d	90d	100d	120d	150d	180d
1-2	挡水坝段 C₉₀25W8F300 外包混凝土	−3.6	−6.1	−10.6	−12.5	−14.3	−14.8	−12.9	−9.2				
2-1	三级配坝体内部防渗墙置换混凝土	50	59	65	66	68	69	71	73				

表 6-6 混凝土徐变度参数统计表

配合比编号	混凝土部位及强度等级	徐变度参数					
		A_1	A_2	B_1	B_2	r_1	r_2
1-2	挡水坝段 C₉₀25W8F300 外包混凝土	13.996	4.236	191.34	240.39	0.0248	0.523
2-1	三级配坝体内部防渗墙置换混凝土	13.996	4.236	191.34	240.39	0.0248	0.523

七、下游外包和内部置换混凝土不同龄期允许抗拉强度

丰满大坝加固下游外包混凝土和内部置换混凝土安全系数分别取 1.8 和 2.0，不同龄期允许抗拉强度见表 6-7。

表 6-7 丰满大坝加固混凝土允许抗拉强度

混凝土部位及强度等级	龄期(d)	混凝土极限拉伸值(×10⁻⁴)	弹性模量(GPa)	允许抗拉强度(MPa)
挡水坝段 C₉₀25W8F300 外包混凝土	7	0.81	26.0	1.17
	28	0.87	32.0	1.55
	90	1.02	35.0	1.98
	180	1.30	38.0	2.74
三级配坝体内部防渗墙置换混凝土	7	0.92	32.0	1.47
	28	1.05	37.0	1.94
	90	1.20	41.0	2.46
	180	1.40	44.0	3.08

第三节 计 算 条 件

一、计算模型

选取 36 号坝段老坝、下游外包混凝土作为研究对象，计算模型取沿坝轴线方向 18m。基础范围为：在坝踵上游和坝趾下游各取 100m，深度取 100m。

计算整体坐标系坐标原点在坝段坝踵处，x 轴为顺水流方向，正向为上游指向下游；y 轴为垂直水流方向，正向为右岸指向左岸；z 轴正向为铅直向上。

应力场计算中：计算模型地基底面按固定支座处理，地基在上下游方向按 x 向简支处理，地基沿坝轴线方向的两个边界按 y 向简支处理；计算使用的三维有限元模型如图 6-5 所示。

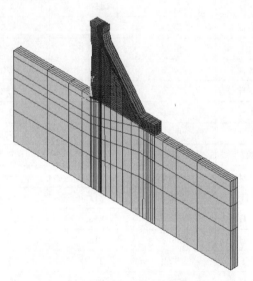

图 6-5 36 号坝段有限元计算网格

二、老坝的施工及运行过程

36 号坝段从 1940 年开始施工，直到 1950 年 6 月才结束浇筑，主要施工过程集中在 1940~1942 年。本次仿真计算模拟了老坝的施工过程，每年的施工时段为 4 月初至 10 月底，11 月初至次年 3 月底停浇越冬。混凝土浇筑时自然入仓，浇筑温度等于月平均气温，当月平均气度低于 5℃时，混凝土浇筑温度取为 5℃。综合考虑了老坝混凝土分层、分块浇筑、自重、温度变化、上/下游蓄水、混凝土徐变等的综合影响，对老坝施工期和运行期的温度场和应力场进行

147

了仿真计算。老坝的计算时段为 1940 年 4 月至 2009 年 3 月底，计算步长最短为 1d，最长为 30d。计算时的外界气温取多年月平均气温，上游不同深度、不同月份的水温按式（6-1）计算。

三、下游外包混凝土的施工浇筑

考虑下游外包混凝土的施工时段为 2009 年 4 月初至 2011 年 10 月底，施工时段为 3 年。每年施工期为 4 月初至 10 月底，11 月初至来年 3 月底停浇越冬。混凝土浇筑时每层厚度为 2.0m，浇筑温度等于月平均气温。下游外包混凝土的浇筑特征值见表 6-8。

表 6-8   36 号坝段下游外包混凝土浇筑特征值表

层号	浇筑时间	天数（d）	浇筑高程（m）	浇筑高度（m）	浇筑温度（℃）
1	2009 年 4 月 15 日	25202	193.0	2.0	7.90
2	2009 年 5 月 27 日	25244	195.0	4.0	14.84
3	2009 年 7 月 8 日	25286	197.0	6.0	23.00
4	2009 年 8 月 19 日	25328	199.0	8.0	21.65
5	2009 年 9 月 30 日	25370	200.2	9.2	15.55
6	2010 年 4 月 14 日	25566	203.0	12.0	7.90
7	2010 年 4 月 26 日	25578	205.0	14.0	7.90
8	2010 年 5 月 8 日	25590	207.0	16.0	14.84
9	2010 年 5 月 20 日	25602	209.0	18.0	14.84
10	2010 年 6 月 1 日	25614	211.0	20.0	19.94
11	2010 年 6 月 13 日	25626	213.0	22.0	10.94
12	2010 年 6 月 25 日	25638	215.0	24.0	19.94
13	2010 年 7 月 7 日	25650	217.0	26.0	23.00
14	2010 年 7 月 19 日	25662	219.0	28.0	23.00
15	2010 年 7 月 31 日	25674	221.0	30.0	23.00
16	2010 年 8 月 12 日	25686	223.0	32.0	21.65
17	2010 年 8 月 24 日	25698	225.0	34.0	21.65
18	2010 年 9 月 5 日	25710	227.0	36.0	15.55
19	2010 年 9 月 17 日	25722	229.0	38.0	15.55
20	2010 年 9 月 29 日	25734	231.0	40.0	15.55
21	2010 年 10 月 11 日	25746	233.0	42.0	7.75
22	2010 年 10 月 23 日	25758	235.0	44.0	7.75
23	2011 年 4 月 12 日	25929	237.0	46.0	7.90
24	2011 年 4 月 24 日	25941	239.0	48.0	7.90

层号	浇筑时间	天数（d）	浇筑高程（m）	浇筑高度（m）	浇筑温度（℃）
25	2011 年 5 月 6 日	25953	241.0	50.0	14.84
26	2011 年 5 月 18 日	25965	243.0	52.0	14.84
27	2011 年 5 月 30 日	25977	245.0	54.0	14.84
28	2011 年 6 月 11 日	25989	247.0	56.0	19.94
29	2011 年 6 月 23 日	26001	249.0	58.0	19.94
30	2011 年 7 月 5 日	26013	251.0	60.0	20.00
31	2011 年 7 月 17 日	26025	253.0	62.0	20.00
32	2011 年 7 月 29 日	26037	255.0	64.0	20.00
33	2011 年 8 月 10 日	26049	257.0	66.0	20.00
34	2011 年 8 月 22 日	26061	259.0	68.0	20.00
35	2011 年 9 月 3 日	26073	260.7	69.7	15.55
36	2011 年 9 月 15 日	26085	264.0	73.0	15.55
37	2011 年 9 月 27 日	26097	267.2	76.2	15.55
38	2011 年 10 月 9 日	26109	270.0	79.0	7.75
39	2011 年 10 月 21 日	26121	273.0	82.0	7.75

注 表中第三列中的"天数"中，以 1940 年 4 月 15 日作为第 0 天。

计算过程中下游外包混凝土浇筑温度除 7、8 月要求控制在 20℃以外，其他月份自然入场，浇筑温度取旬平均气温。

计算采取的临时保温和永久保温措施如下：在下游外包混凝土施工期间，对裸露的表面进行临时保温，临时保温采用等效放热系数为 7.83kJ/（m² · h · ℃）的 1cm 厚的聚氨酯保温被（或使用保温效果相当的其他保温材料）；在每年 10 月份，对当年浇筑的混凝土的下游面进行永久保温，永久保温采用等效放热系数为 2.10kJ/（m² · h · ℃）的 4cm 厚的喷涂聚氨酯（或使用保温效果相当的其他保温材料）。越冬期间越冬水平面采用等效放热系数为 1.69kJ/（m² · h · ℃）的 5cm 厚的喷涂聚氨酯进行越冬面保温（或使用保温效果相当的其他保温材料）。

在模拟整个下游面外包混凝土的施工过程中，最小计算步长为 0.5d，最大计算步长为 2d。

四、防渗墙混凝土的开挖及置换

防渗墙的开挖及置换施工工序如下：除第一层一次开挖高度为 4m 外，其余层的开挖高度均为 2m，浇筑时每次浇筑 2m 高，采用混凝土搅拌车从坝顶供三级常态混凝土，通过混凝土投料竖井内的负压管输送至仓面顶部电动小推车，再经过人工搭设的施工栈桥运至浇筑部位，人工平仓振捣。防渗墙第一层开挖时间为90d，防渗墙第一层浇筑时间为6d；其余2.0m层每层开挖时间25d，混凝土浇筑6d。

拟定防渗墙混凝土的开挖施工过程如表6-9所示，拟定防渗墙混凝土置换的施工过程如表6-10所示。

表6-9　　　　　　　　　36号坝段防渗墙混凝土开挖过程统计表

开挖层号	开挖时间	开挖天数（d）	顶部高度（m）
1	2012年1月21日	26213	4
2	2012年2月21日	26244	6
3	2012年3月23日	26275	8
4	2012年4月23日	26306	10
5	2012年5月24日	26337	12
6	2012年6月24日	26368	14
7	2012年7月25日	26399	16
8	2012年8月25日	26430	18
9	2012年9月25日	26461	20
10	2012年10月26日	26492	22
11	2012年11月26日	26523	24
12	2012年12月27日	26554	26
13	2013年1月27日	26585	28
14	2013年2月27日	26616	30
15	2013年3月30日	26647	32
16	2013年4月30日	26678	34
17	2013年5月31日	26709	36
18	2013年7月1日	26740	38
19	2013年8月1日	26771	40
20	2013年9月1日	26802	42
21	2013年10月2日	26833	44
22	2013年11月2日	26864	46
23	2013年12月3日	26895	48
24	2014年1月3日	26926	50
25	2014年2月3日	26957	52
26	2014年3月6日	26988	54
27	2014年4月6日	27019	56

开挖层号	开挖时间	开挖天数（d）	顶部高度（m）
28	2014 年 5 月 7 日	27050	58
29	2014 年 6 月 7 日	27081	60
30	2014 年 7 月 8 日	27112	62
31	2014 年 8 月 8 日	27143	64
32	2014 年 9 月 8 日	27174	66
33	2014 年 10 月 9 日	27205	68

注 表中第三列中的"开挖天数"中，以 1940 年 4 月 15 日作为第 0 天。

表 6-10   36 号坝段防渗墙混凝土置换浇筑过程统计表

层号	浇筑时间	天数（d）	浇筑高程（m）	浇筑高度（m）	浇筑温度（℃）
1	2012 年 1 月 27 日	26219	193.0	2.0	5.00
2	2012 年 2 月 27 日	26250	195.0	4.0	5.00
3	2012 年 3 月 29 日	26281	197.0	6.0	5.00
4	2012 年 4 月 29 日	26312	199.0	8.0	7.90
5	2012 年 5 月 30 日	26343	201.0	10.0	14.84
6	2012 年 6 月 30 日	26374	203.0	12.0	19.94
7	2012 年 7 月 31 日	26405	205.0	14.0	23.00
8	2012 年 8 月 31 日	26436	207.0	16.0	21.65
9	2012 年 10 月 1 日	26467	209.0	18.0	7.75
10	2012 年 11 月 1 日	26498	211.0	20.0	5.00
11	2012 年 12 月 2 日	26529	213.0	22.0	5.00
12	2013 年 1 月 2 日	26560	215.0	24.0	5.00
13	2013 年 2 月 2 日	26591	217.0	26.0	5.00
14	2013 年 3 月 5 日	26622	219.0	28.0	5.00
15	2013 年 4 月 5 日	26653	221.0	30.0	7.90
16	2013 年 5 月 6 日	26684	223.0	32.0	14.84
17	2013 年 6 月 6 日	26715	225.0	34.0	19.94
18	2013 年 7 月 7 日	26746	227.0	36.0	23.00
19	2013 年 8 月 7 日	26777	229.0	38.0	21.65
20	2013 年 9 月 7 日	26808	231.0	40.0	15.55
21	2013 年 10 月 8 日	26839	233.0	42.0	7.75
22	2013 年 11 月 8 日	26870	235.0	44.0	5.00
23	2013 年 12 月 9 日	26901	237.0	46.0	5.00
24	2014 年 1 月 9 日	26932	239.0	48.0	5.00
25	2014 年 2 月 9 日	26963	241.0	50.0	5.00

层号	浇筑时间	天数（d）	浇筑高程（m）	浇筑高度（m）	浇筑温度（℃）
26	2014 年 3 月 12 日	26994	243.0	52.0	5.00
27	2014 年 4 月 12 日	27025	245.0	54.0	7.90
28	2014 年 5 月 13 日	27056	247.0	56.0	14.84
29	2014 年 6 月 13 日	27087	249.0	58.0	19.94
30	2014 年 7 月 14 日	27118	251.0	60.0	23.00
31	2014 年 8 月 14 日	27149	253.0	62.0	21.65
32	2014 年 9 月 14 日	27180	255.0	64.0	15.55
33	2014 年 10 月 15 日	27211	257.0	66.0	7.75
34	2014 年 11 月 15 日	27242	259.0	68.0	5.00

注 表中第三列中的"天数"中，以 1940 年 4 月 15 日作为第 0 天。

计算时，根据拟定的开挖、浇筑工序，充分考虑老坝混凝土的温度、应力情况，以及开挖时的卸载、新浇混凝土的自重、绝热温升和弹性模量的变化、自生体积变形、徐变等因素的影响，模拟了防渗墙整个开挖及浇筑过程。防渗墙混凝土浇筑时，因为在坝体内部施工，不受外界季节变化的影响，因此全年施工。浇筑时考虑自然入仓，浇筑温度等于月平均气温，当月平均气温低于 5℃时，为了防止浇筑温度过低对混凝土材料的影响，浇筑温度控制为 5℃。

计算防渗墙开挖及施工时，计算步长最短为 0.5d，最长为 1d。防渗墙内部气温采用多年平均气温 6.03℃＋2℃＝8.03℃，大坝外部气温采用多年月平均气温。

第四节 计 算 结 果

一、新混凝土施工前老坝体温度场和应力场

为了获得新混凝土施工前老坝体的温度场和应力场，对老坝进行仿真计算，从 1940 年一直计算至 2009 年 4 月 15 日，以 2009 年 4 月 15 日老坝的温度场和应力场作为新混凝土浇筑前坝体的初始温度场和应力场，老坝温度等值线及 σ_x、σ_y、σ_z 等值线如图 6-6～图 6-9 所示。

二、下游外包混凝土及置换混凝土温度场及应力场

（一）下游外包混凝土

下游外包混凝土最高温度、最大应力包络图如图 6-10～图 6-13 所示。

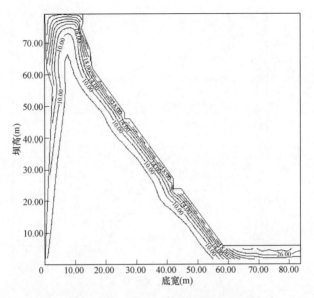

图 6-6　2009 年 4 月 15 日老坝温度等值线（单位：℃）

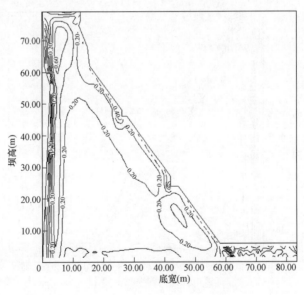

图 6-7　2009 年 4 月 15 日老坝 σ_x 等值线（单位：MPa）

从图上可以看出：

（1）下游外包混凝土最高温度出现在每年夏季浇筑的混凝土，最高温度为 33～35℃，主要原因是夏季混凝土浇筑温度较高，虽然外包混凝土厚度不大，且老坝下游面附近混凝土也会吸收外包混凝土的热量，但由于常态混凝土发热快、热量高，导致其最高温度较高。

（2）下游外包混凝土应力较大部位主要分布在以下区域：

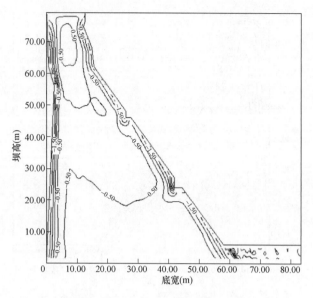

图 6-8　2009 年 4 月 15 日老坝 σ_y 等值线（单位：MPa）

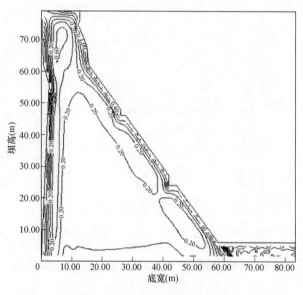

图 6-9　2009 年 4 月 15 日老坝 σ_z 等值线（单位：MPa）

1）夏季浇筑的混凝土。这部分区域是同最高温度出现区域相对应的，应力较大是由于最高温度较高，在温度下降的时候新混凝土收缩，受老坝混凝土约束作用较强所致。

2）越冬面附近混凝土。从包络图可以看出，越冬面上面新混凝土应力较大，应力较大是由于新、老混凝土弹性模量差、上下层温差温差较大，新混凝土在降温时受老混凝土约束所致。

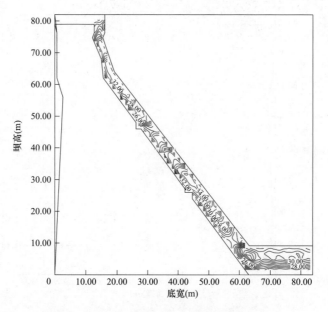

图 6-10 下游外包混凝土最高温度（单位：℃）

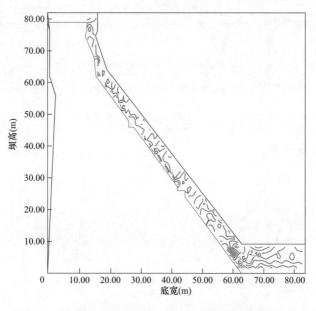

图 6-11 下游外包混凝土最大 σ_x 应力包络图（单位：MPa）

（3）从应力包络图还可以看出：三个方向的最大应力（顺水流方向水平应力 σ_x、垂直水流方向水平应力 σ_y、竖向应力 σ_z）在下游外包混凝土的分布规律是不一样的。水平应力 σ_x 和 σ_y 越靠近原老坝下游面应力越大，而竖向应力 σ_z 越靠近外包混凝土下游面越大。导致这种现象出现是由于原老坝下游面对新混凝土在水

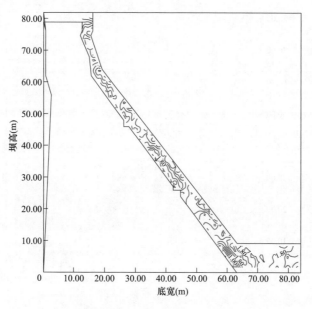

图 6-12　下游外包混凝土最大 σ_y 应力包络图（单位：MPa）

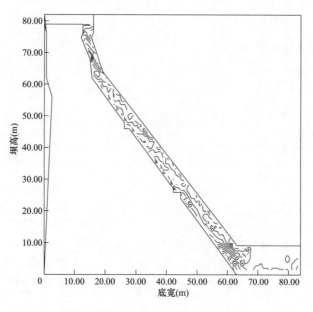

图 6-13　下游外包混凝土最大 σ_z 应力包络图（单位：MPa）

平方向的约束较大所致，在新混凝土降温时，老混凝土对其约束较强导致水平方向应力较大。而竖向应力较大的时刻出现在每年的冬季，且越靠近外包混凝土表面应力越大，说明竖向应力受外界气温变化影响较大。

（二）内部置换混凝土

置换混凝土开始施工以后，置换混凝土上游侧新、老混凝土结合面附近，置换混凝土中部及置换混凝土下游侧新、老混凝土结合面附近最高温度包络线如图6-14和图6-15所示。

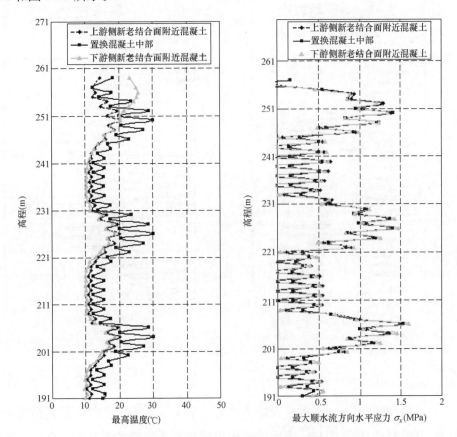

图 6-14   置换混凝土不同部位最高温度、最大顺水流方向水平应力包络线

从置换混凝土上游侧、中部及下游侧混凝土最高温度及最大应力包络线可以看出：

（1）从不同季节浇筑的置换混凝土来看，最高温度出现在6、7、8月浇筑的混凝土，最高温度约为30℃，主要原因是夏季混凝土的浇筑温度较高，从而导致最高温度也较高。

（2）从同一高程新浇筑的混凝土来看，最高温度出现在置换混凝土的中间部位，主要是由于老坝的稳定温度只有6~8℃，老坝会吸收置换混凝土水化热生成的热量，从而导致新老混凝土结合面附近的混凝土最高温度低于中部混凝土，从具体数值来看，不同季节浇筑的混凝土中部比新老混凝土结合面附近的混凝土最

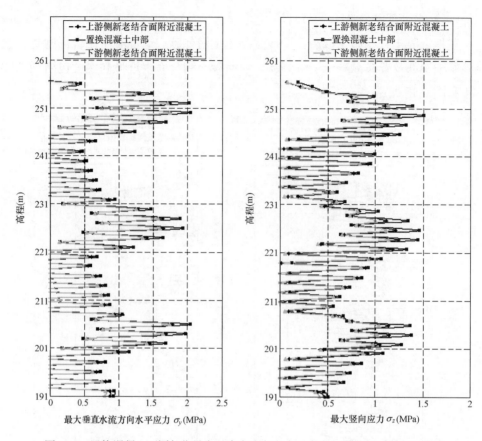

图 6-15　置换混凝土不同部位最大垂直水流方向水平应力、最大竖向应力包络线

高温度高 2～10℃。

（3）从置换混凝土出现的最大应力来看，最大应力出现的部位是同最高温度出现的部位相对应的，即最大应力部位也出现在夏季浇筑的混凝土。分析主要原因：一是由于夏季浇筑的混凝土最高温度高，在温度下降时导致的应力更大；二是夏季浇筑的置换混凝土内部的温度梯度更大，从而导致最大应力也较大。

（4）虽然对置换混凝土自然入仓，未控制其浇筑温度，但置换混凝土出现的最大应力数值并不大，均小于混凝土的允许抗拉强度，满足混凝土的抗裂要求。分析主要原因：一是坝体内部不同季节空气温度变化不大，计算时取 8.03℃；二是置换混凝土为膨胀型混凝土，且自生体积变形较大，抵消了温降时混凝土的部分收缩变形；三是置换混凝土的骨料为明城灰岩，配制的混凝土线膨胀系数较小，只有 $4.88×10^{-6}$/℃。

（5）从置换混凝土新、老结合面附近的应力来看，夏季浇筑的混凝土最大应力基本在 1.0MPa 以上。

158

三、下游外包混凝土及置换混凝土典型点温度及应力变化过程线

为了揭示下游外包和内部置换等新浇混凝土温度及应力变化规律，选取典型点进行研究。典型点分布示意图如图 6-16 所示；各典型点的浇筑时间、高程、浇筑温度见表 6-11。

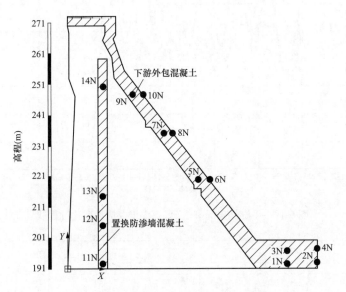

图 6-16　新浇混凝土典型点分布示意图

表 6-11　　　　　　　　　　新浇混凝土典型点统计表

部位	点编号	高程（m）	浇筑日期	浇筑温度（℃）	备注
下游外包混凝土	1N，2N	192.0	2009 年 4 月 15 日	7.90	坝趾附近
	3N，4N	196.0	2009 年 7 月 7 日	23.00	2009 年夏季浇筑
	5N，6N	220.0	2010 年 7 月 30 日	23.00	2010 年夏季浇筑
	7N，8N	235.0	2010 年 10 月 22 日	7.75	2010 年越冬面
	9N，10N	252.0	2011 年 7 月 16 日	23.00	2011 年夏季浇筑
置换混凝土	11N	192.0	2012 年 1 月 26 日	5.00	
	12N	204.0	2012 年 7 月 30 日	20.00	2012 年夏季浇筑
	13N	214.0	2013 年 1 月 1 日	5.00	
	14N	250.0	2014 年 7 月 13 日	23.00	2013 年夏季浇筑

下游外包混凝土夏季浇筑部分内部典型点 3N 点，夏季浇筑部分下游面典型点 6N 点，越冬面上典型点 7N 点的温度及应力变化过程线如图 6-17～图 6-19 所示。置换混凝土夏季浇筑部分内部典型点 12N 点的温度及应力变化过程线如

图 6-20 所示。限于篇幅，其他典型点过程线本文不赘附。

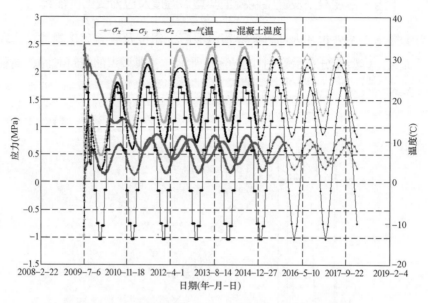

图 6-17　下游外包混凝土 3N 点温度及应力变化过程线

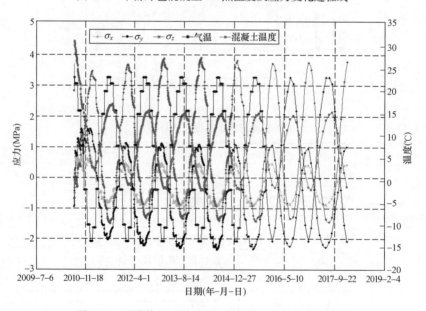

图 6-18　下游外包混凝土 6N 点温度及应力变化过程线

（一）下游外包混凝土

从下游外包混凝土不同部位典型点温度及应力变化过程线可以看出：

（1）在混凝土的任何部位，应力的变化同温度变化呈明显的负相关，即温度升高时应力减小，温度降低时应力增大。

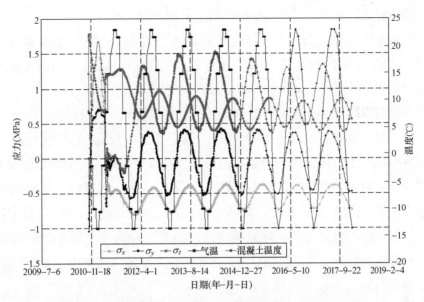

图 6-19　下游外包混凝土越冬面 7N 点温度及应力变化过程线

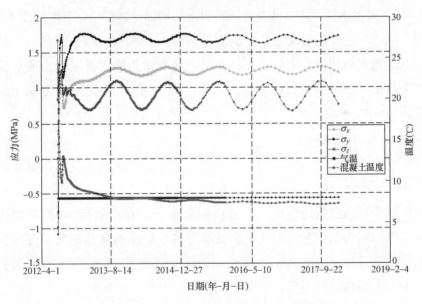

图 6-20　置换混凝土 12N 点温度及应力变化过程线

（2）从典型点温度变化过程线来看，混凝土一般在浇筑后 7d 左右达到最高温度，以后由于向外界散热及老坝混凝土的吸热，温度下降较快。在上层混凝土浇筑以后，由于每层厚度较薄（每浇筑层厚度约 2.0m），受上部混凝土的热量倒灌，下层混凝土温度又有回升，回升幅度为 3～4℃。

（3）在原老坝下游面附近的新浇混凝土，由于外包混凝土降温时受老坝约束较强，应力较大，尤其对夏季浇筑的混凝土，应力更大。

（4）对于下游外包混凝土内部，夏季 7、8 月份浇筑的混凝土最大应力超过 2.0MPa，超过混凝土允许抗拉强度，主要原因是这部分混凝土浇筑温度较高，混凝土温升很快，导致这些部位的混凝土最高温度较高，温度应力较大。

（5）外包混凝土下游面混凝土在喷涂 4cm 厚聚氨酯进行保温后，在浇筑后每年冬季，混凝土最低温度出现在 1 月中、下旬，且第一年最低温度约为 3℃，第二年以后每年冬季最低温度为负温，但最低温度大于−2℃。与出现最低温度的时刻相对应，最大应力出现在越冬期间的 1 月中、下旬，且对第一年浇筑的混凝土，垂直水流方向应力 σ_y 较大，对第二年、第三年浇筑的混凝土，竖向应力 σ_z 较大。从最大应力数值来看，除夏季浇筑的混凝土和第一年越冬面附近混凝土外，其余部位的混凝土满足抗裂要求。这说明在冬季选择喷涂 4cm 聚氨酯进行永久保温是合适的。

外包混凝土夏季浇筑部分和越冬面附近存在应力超标现象，但最大超标深度小于 1.0m。可考虑进一步降低夏季浇筑温度和增加这些部位保温层厚度来解决。

（6）对于下游外包混凝土拟定的施工进度，一共存在两个越冬面。从越冬面典型点的温度变化过程来看，在越冬时，越冬水平面附近混凝土的最低温度出现在 1 月中、下旬，最低温度为 3～5℃。两个越冬面在越冬时混凝土应力都不超标。

（二）内部置换混凝土

（1）置换混凝土的温度变化和应力变化呈明显的负相关性，即温度升高时应力下降，温度降低时应力增长。

（2）对于夏季浇筑的混凝土，置换混凝土一般在浇筑后 3d 左右即达到最高温度，以后因为老坝混凝土的吸热及本身水平层面的散热温度下降较快，约在浇筑后一个月降到 10℃左右，平均每天降温约为 0.7℃。在上层浇筑新混凝土后，由于上部热量的回灌，混凝土温度会有回升，回升幅度为 2～3℃。

（3）对于夏季浇筑的混凝土，最大应力一般出现在浇筑以后的一个月，最大数值约为 2.0MPa，因此，为了防止新浇混凝土出现裂缝，应配制早期强度较高的混凝土，从选定的配合比试验来看，置换混凝土在一个月后的允许抗拉强度约为 1.94MPa，可以满足温控防裂要求。

四、新老混凝土结合面典型点温度及应力变化过程线

新浇混凝土（下游外包及内部置换混凝土）与老坝混凝土结合面上典型点

分布示意图如图 6-21 所示。各典型点特征值见表 6-12。

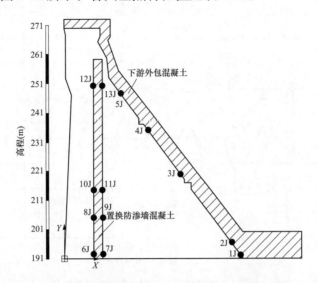

图 6-21 新老混凝土结合面典型点分布示意图

表 6-12 新浇混凝土与老坝混凝土结合面典型点统计表

部位	点编号	高程 (m)	备注
下游外包混凝土	1J	192.0	
	2J	196.0	2009 年夏季浇筑混凝土结合面
	3J	220.0	2010 年夏季浇筑混凝土结合面
	4J	235.0	2010 年越冬面混凝土结合面
	5J	252.0	2011 年夏季浇筑混凝土结合面
置换混凝土	6J, 7J	192.0	
	8J, 9J	204.0	2012 年夏季浇筑混凝土结合面
	10J, 11J	214.0	
	12J, 13J	250.0	2013 年夏季浇筑混凝土结合面

　　下游外包混凝土新、老混凝土结合面典型点 2J 点温度及应力变化过程线如图 6-22 所示，置换混凝土新、老混凝土结合面典型点 8J 点、9J 点温度及应力变化过程线如图 6-23 和图 6-24 所示，其他典型点的温度及应力变化过程线限于篇幅不再赘附。

　　（1）从下游外包混凝土与老坝结合面典型点的温度及应力变化过程线可以看出：夏季浇筑混凝土和越冬面附近新老混凝土结合面应力较大，但最大值并未超过 1.0MPa。其他部位新、老混凝土结合面应力较小，拉应力基本小于 0.5MPa。但考虑到老坝混凝土质量较差，因此设计方提出的在下游外包混凝

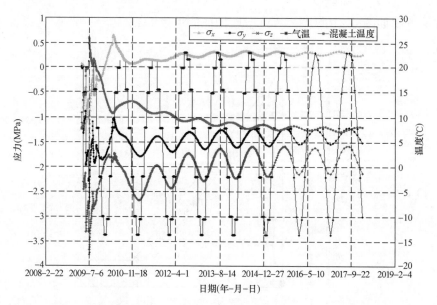

图 6-22　下游外包混凝土与老坝混凝土结合面 2J 点温度及应力变化过程线

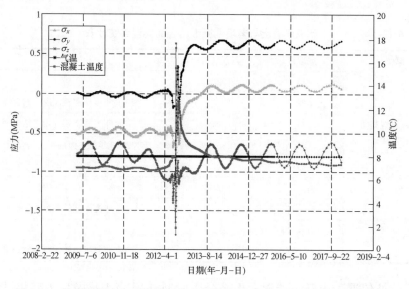

图 6-23　置换混凝土与老坝混凝土上游结合面 8J 点温度及应力变化过程线

土新、老混凝土结合面处布设锚筋是必要的。

（2）从置换混凝土新老结合面典型点的温度及应力变化曲线可以看出：夏季浇筑混凝土新、老混凝土结合面处应力较大，但最大值基本在 0.5MPa 左右。其他季节浇筑的混凝土新、老混凝土结合面处应力较小，冬季浇筑的混凝土新、老混凝土结合面甚至呈现受压状态。因此，从计算结果来看，设计方提出的在置换混凝土与老坝混凝土结合面设置键槽是必要的，但考虑到原老坝混凝

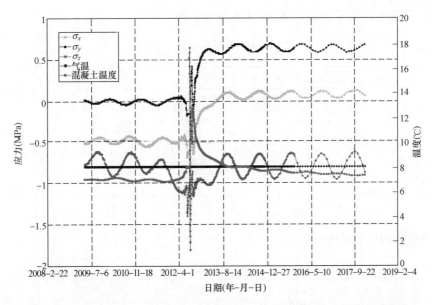

图 6-24　置换混凝土与老坝混凝土下游结合面 9J 点温度及应力变化过程线

土质量较差以及现场施工的复杂性，为保证置换混凝土方案的成功，建议在夏季浇筑的置换混凝土结合面处加设锚筋。

五、新浇混凝土对老坝温度场和应力场的影响

为研究下游外包混凝土及置换混凝土浇筑时对老坝温度场和应力场的影响，在老坝混凝土选取典型点进行温度及应力变化分析。如图 6-25 所示为老坝

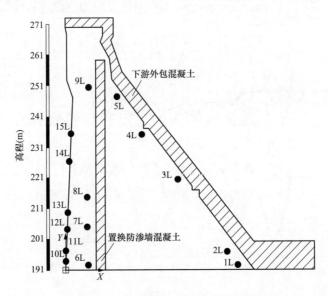

图 6-25　老坝混凝土典型点分布示意图

混凝土典型点分布示意图，表 6-13 为典型点统计表。

表 6-13　　　　　　　　　　　　老坝混凝土典型点统计表

部位	点编号	高程（m）	备注
下游外包混凝土附近老坝混凝土	1L	192.0	
	2L	196.0	
	3L	220.0	
	4L	235.0	
	5L	252.0	
置换混凝土附近老坝混凝土	6L	192.0	
	8L	204.0	
	8L	214.0	
	9L	250.0	
老坝上游面混凝土	10L	193.0	
	11L	196.0	
	12L	204.0	
	13L	208.0	
	14L	226.0	
	15L	235.0	

　　下游外包混凝土附近老坝混凝土典型点 3L 温度及应力变化过程线如图 6-26 所示；置换混凝土附近老坝混凝土典型点 8L 温度及应力变化过程线如图 6-27 所示；老坝上游面混凝土典型点 12L 温度及应力变化过程线如图 6-28 所示。

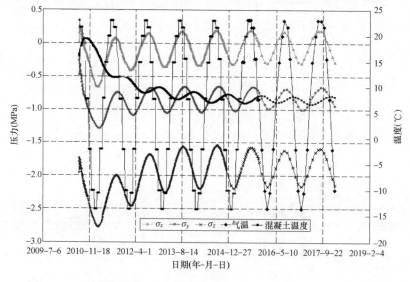

图 6-26　下游外包混凝土附近老坝混凝土 3L 点温度及应力变化过程线

其他典型点的温度及应力变化过程线限于篇幅不再赘附。

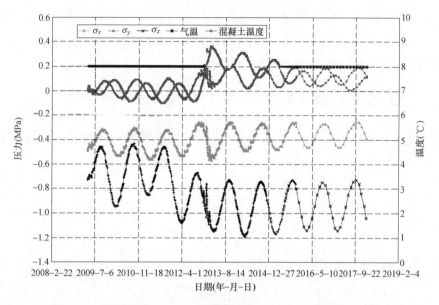

图 6-27　置换混凝土附近老坝混凝土 8L 点温度及应力变化过程线

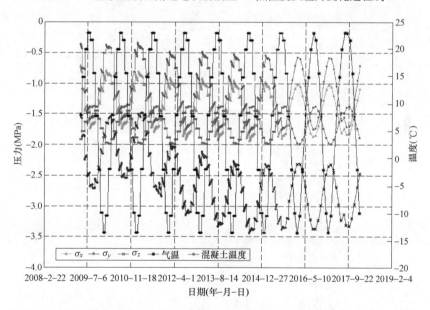

图 6-28　老坝上游面混凝土 10L（老坝上游坝踵部位）点温度及应力变化过程线

（1）对于下游外包混凝土及置换混凝土附近的老坝混凝土，在混凝土浇筑初期，由于受新混凝土水化热温升的影响，老坝混凝土温度有所升高，以后随着时间的推移，温度在缓慢下降，2～3 年后老坝混凝土温度又达到稳定温度或准稳定温度 6～8℃。在整个期间，老坝混凝土应力的变化与温度的变化呈负相

167

关，且最大拉应力较小，不会引起老坝混凝土开裂。

（2）另外，从老坝上游面典型点温度及应力变化过程线来看，老坝上游面附近混凝土的温度及应力变化受下游外包混凝土和置换混凝土的影响不大，不会因新浇混凝土而导致老坝上游面开裂。

六、置换混凝土方案实施期间及完成后大坝温度场和应力场

如图 6-29～图 6-32 所示为丰满大坝 36 号坝段置换混凝土方案实施（包括

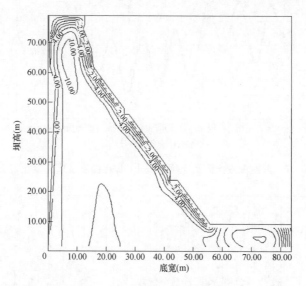

图 6-29　2010 年 1 月 27 日坝体温度场等值线图（单位：℃）

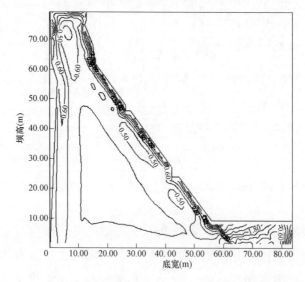

图 6-30　2010 年 1 月 27 日坝体第一主应力 S_1 等值线图（单位：MPa）

下游外包混凝土和内部置换混凝土施工）期间及完成后典型时间点大坝整体（包括老坝和新浇混凝土）的温度场和应力场等值线图。

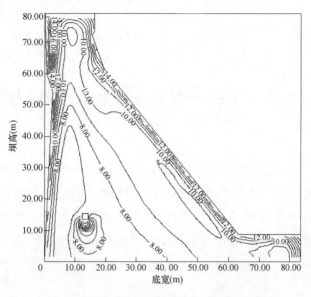

图 6-31　2012 年 8 月 8 日坝体温度场等值线图（单位：℃）

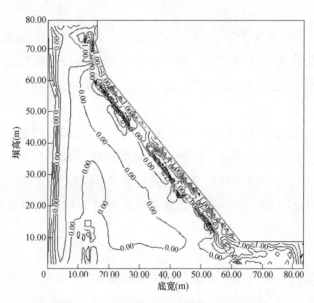

图 6-32　2012 年 8 月 8 日坝体第一主应力 S_1 等值线图（单位：MPa）

第七章

大坝施工仿真三维可视化管理系统的开发及应用

大坝在施工过程中会产生海量数据，这些数据包括大坝的基本信息、浇筑信息、温控措施信息、大坝监测数据，甚至还包括典型坝段的三维有限元温度场和应力场仿真计算数据等。为了对这些海量数据进行无纸化管理，需要开发相应的信息管理软件。本章介绍了大坝施工仿真三维可视化管理系统的开发目的、软件开发平台及功能应用。

大坝施工仿真三维可视化管理系统的开发

大坝在施工过程中，存在数量巨大的数据信息，这些信息包括大坝每层的浇筑信息，采取的施工温控信息、大坝材料参数、监测数据信息、计算数据信息等。为了实现对这些数据的有效管理，需要采用专门的数据库储存这些信息。

在上述基本数据库建立以后，可以利用计算机模拟大坝的三维动态浇筑过程，并以图像形式显示给用户，便于用户对浇筑进度计划进行调整及优化。另外，对于大坝现场的监测资料，三维仿真计算得到的温度场和应力场可以采用图形方式显示出来，便于用户进行监测数据、计算数据的分析及挖掘。

一、系统设计思想

大坝施工仿真三维可视化系统是在 Windows 系统环境开发的基于 BS 架构的系统，采用 MySQL 数据库来管理数据组织方式，使数据的存储、查询和分析方便快速，提高了程序的运行效率。采用支持面向对象的 VS Code 开发工具进行系统主体开发，并采用 3ds Max 进行三维建模。开发环境及工具如下：

操作系统：Windows

数据库：MySQL

开发工具：VS Code

编译器：GCC

建模软件：3ds Max

程序库：Unity3D

选择以上开发环境和工具，可以使得本软件系统具有良好的扩充性、移植性，且易于维护，同时使得本系统可以简便地处理多种类型的浇筑方案。采用程序模块化和统一的数据库管理模式，便于操作、维护、扩充等。采用 3ds Max 建模，实现了大坝浇筑过程的三维显示。

系统功能包括：

（1）三维可视化查询功能。对施工进度进行仿真、对监测数据资料和浇筑过程进行可视化查询。

（2）数据维护功能。对各种信息进行查询、修改、添加、删除、导出等操作。

（3）系统管理功能。包括添加、删除用户以及修改密码、切换用户、查看日志。

二、开发程序选择

（一）三维仿真程序 Unity 3D

Unity 3D 是由 Unity Technologies 开发的一个多平台的综合型游戏开发工具，可以在多个平台创建交互式 3D 应用程序。它支持 3D 渲染、场景设置、地形构建等功能。目前，Unity 3D 已经广泛应用于游戏开发、虚拟仿真、医疗、军事、建筑、电影、动漫等多行业，尤其是广泛应用在虚拟仿真和网页游戏开发领域。基于 Unity 3D 的三维仿真具有如下的优越性：

1. 功能完备的编辑器

Unity 3D 有很好的编辑器开发功能，编辑器友好，可方便地进行扩展，即可以很容易地给策划出一套定制的编辑器。Unity 3D 的用户界面具备视觉化编辑和详细的属性编辑器，创新的可视化模式让开发者能够轻松构建互动体验，并可以实时修改参数值，三维仿真开发节省大量时间。

2. 方便的资源管理系统

使用 Unity 3D，只要一份资源，然后 Unity 3D 里面可以设置它的具体参数，比如使用纹理压缩。项目中可以自动导入资源，并根据资源的改动自动更新。Unity 3D 支持几乎所有主流的三维格式，如 3ds Max、Maya、Blender 等，贴图材质自动转换为 U3D 格式，并能和大部分相关应用程序协调工作。

3. 跨平台性好

Unity 3D 是一款跨平台的软件，可运行在 Windows、Linux、MacOS X、iOS、Android 等系统下，开发者可以通过不同的平台进行开发，一次开发多平台发布。跨平台开发可以为开发者节省大量时间。开发者不要考虑平台之间的差异，比如屏幕尺寸、操作方式、硬件条件等，减少了移植过程中不必要的麻烦。

（二）程序开发 HTML5

HTML5 是最新的 HTML 标准，是一种设计来组织 Web 内容的语言，它是专门为承载丰富的 Web 内容而设计的，目的是通过创建一种标准的和直观的 UI 标记语言来使 Web 设计和开发更加简单。它为下一代互联网提供了全新的框架和平台，并且在不影响网站加载速度的条件下提供丰富的免插件的多媒体元素，包括图片、动画、音频、视频等，这样使互联网也能够轻松实现类似桌面的应用体验。它具有以下优势：

1. 跨平台性

HTML5 最大的优点是它的跨平台性，HTML5 支持多种平台，从 PC 浏览器到手机、平板电脑，甚至是智能电视。只要用户的设备支持 HTML5，基于 HTML5 的 Web 程序就可以无障碍地运行。一套完整的 HTML5，对开发者来说，可以适用于多个设计，不用重新修改。这样就极大地降低了开发难度，减少了很多工作量，特别是后期的维护。

2. 本地存储特性

HTML5 的 Web storage API 使得 Web 应用程序能够在用户浏览器中对数据进行本地存储。在 HTML5 之前，本地存储是通过 Cookie 来完成的，但 Cookie 并不适合大量的数据存储，因为它的速度慢、效率不高，会影响网站性能。而 Web storage 克服了 Cookie 的一些缺点，相比 Cookie 更加快速、安全、方便。HTML5 支持两种 Web storage，一种是永久性的本地存储（Local storage），另外一种是会话级别的本地存储（Session storage）

3. 自适应网页设计

HTML5 具有"一次设计，普遍适用"的特点，解决了传统 PC 站对手机终端不友好的问题。这样就不需要为不同的设备设计不同的网页，降低了架构设计的复杂度和维护的难度。

4. 代码更安全

使用 HTML5，在运行时才对代码进行解码，使得代码其安全性大大提高。

172

（三）数据库 MySQL

MySQL 是一个开放的、快速的、多线程的、多用户的 SQL 数据库服务器，是一种开放源代码的关系型数据库管理系统，它是一个基于 Socket 编写的 C/S 架构软件，使用结构化查询语言（SQL）进行数据库管理，工作模式是基于客户机/服务器结构。

MySQL 是现在制作网页最常用的一种数据库，具有运行速度快、高性能、容易使用等特点，与一些更大系统设置和管理比较，复杂程度较低，最主要的是它是免费的。MySQL 数据库安全性和连接性能都很好，而且它是有可移植性的。此外，它还具有较好的灵活性，具有极强大的数据管理功能，体积小，应用广泛，对于大多数用户开放源代码。

MySQL 具有以下优势：

（1）插件式存储引擎。插件式存储引擎是 MySQL 数据库最重要的特性之一，用户可以根据应用的需要选择如何存储和索引数据库以及是否使用事务等。MySQL 默认支持多种存储引擎，以适应不同领域的数据库应用需要。用户可以通过选择使用不同的存储引擎提高应用的效率，提供存储的灵活性，用户设置可以按照自己的需要定制和使用自己的存储引擎，以实现最大程度的可定制性。

（2）易于使用，性能强大。MySQL 支持触发器、存储的程序和可以更新的视图，受到了 Web 开发人员的青睐。MySQL 包含多种实用工具，例如备份程序 mysqldump、管理客户端 mysqladmin 和用于管理工作和迁移工作的 GUI MySQL Workbench。

（3）可靠性与安全性好。MySQL 的 InnoDB 事务性存储引擎符合 ACID 模型，具有改进数据保护的功能，例如时间点恢复和自动提交。InnoDB 支持外键约束，可以避免不同表中的数据不一致，从而实现更高的数据完整性。MySQL 附带强化而灵活的安全功能，其中包括基于主机的验证和密码流量加密。InnoDB 采用双层加密密钥架构进行静态数据表空间加密，具备额外的安全优势。

三、功能设计

（一）系统界面搭建

系统界面是沟通计算机应用程序与用户之间的桥梁，对于用户方便地使用程序、最大程度地发挥程序的效果非常重要，良好的用户界面设计是评估软件成功与否的重要条件之一。因此，要实现人机交互，就必须设计一个友好的操作界面，如果操作界面设计不够合理，操作过于复杂，施工管理人员使用起来就很不方便。用户界面设计须遵循界面简洁、元素一致性、功能可发现性原则。在开发本仿真系统时，为了方便用户操作，采用了图形用户界面。程序主窗体如图 7-1 所示。该窗体顶部包括文件、切换、环境设置、显示设置、输入、帮助六个功能菜单，此外还有一些快捷键操作图标。

图 7-1　系统界面

查询功能分为三维可视化查询和信息查询。三维可视化查询是对施工进度进行仿真、对监测数据资料和浇筑过程进行可视化查询，提供仿真动画、坝段拾取、仿真状态切换、显示设置、视点管理五个基本功能。信息查询包括仪器查询、坝层信息查询、仓面浇筑信息查询、混凝土类型查询、冷却水管信息查询、环境信息查询、温度场信息查询、机口混凝土拌和物信息查询、仪器检测资料查询，其中，仪器检测信息查询又分为温度计观测数据查询、应力计观测数据查询、位移计观测数据查询、冷却水管观测数据查询。数据维护是对各种信息进行查询、修改、添加、删除、导出等操作。系统管理包括添加和删除用户、更改密码、切换用户、日志查看等功能。

（二）数据库设计与实现

大坝仿真三维可视化系统的数据库用来存放施工仿真过程中各种信息、参数，以方便施工管理人员随时查询，从而实现对施工过程的监控。因此，设计一个好的数据库是本系统开发过程中的重要一环，数据库的设计决定了数据是否易于维护，后期需求是否易于开展，同时也决定了系统的性能。良好的数据

174

库设计可以节省数据的存储空间、能够保证数据的完整性、方便进行数据库应用系统的开发，设计一个良好的数据库显得尤为重要。大坝三维仿真可视化系统数据库设计分为数据表的设计、触发器的设计、数据库安全设计三部分。

1. 数据表的设计

良好的表设计可以让查询效率更高，加快网站访问速度，提升用户体验，并且便于查询数据。本仿真系统包含许多功能模块，各个模块都需要对大量数据进行管理和维护，根据系统的业务需求，设计各个数据表的字段长度、主键、数据类型、关系映射等。设计时，尽量保证字段的原子性和表的单一职责性，以便于业务扩展。关联表之间，可以根据业务的需求允许字段的适当冗余，从而减少关联表的查询次数。

2. 触发器的设计

触发器是一种与表操作有关的数据库对象，是和表关联的特殊的存储过程，它可以处理各种复杂的操作，比数据库本身标准的功能，有更精细和更复杂的数据控制能力。通过创建触发器，可以强制实现不同表中的逻辑相关数据的引用完整性或一致性。触发器常用功能包括：检查所做的 SQL 是否允许；修改其他数据表里的数据；返回自定义的错误信息；防止数据表构结更改或数据表被删除。

3. 数据库安全设计

数据库系统的海量数据由各用户共享，数据共享必定会给数据库带来安全隐患。当用户被授予超出了其工作职能所需的数据库访问权限时，这些权限可能会被恶意滥用。为了防止某些用户非法地使用数据库，对数据库中的数据进行恶意地篡改、删除、破坏或者泄漏数据库中的重要数据，可以给不同用户设置不同级别的访问权限。在本系统中，设置了普通用户和管理员两种级别的访问权限，由于管理员需要对数据进行维护，所以访问权限级别比普通用户高，可以查看、修改、删除数据库中的数据，而普通用户只能查看数据。这样，就能有效地避免某些用户恶意破坏数据库。

（三）建立大坝三维模型

1. 用 Auto CAD 处理二维图纸

大坝的图纸一般都是二维的 .dwg 格式的施工工程文件，里面包括了很多复杂的数据信息和各种线条。通过用 Auto CAD 的多线段绘图工具命令，沿着大坝每一坝段的剖面轮廓线描绘一遍，在轮廓是直线的时候采用直线描绘，在轮廓是弯曲的弧形时用圆弧来描绘。

2. 用 Unity 3D 建立坝体三维模型

将 Auto CAD 处理好的每一个三维坝段导入 Unity 3D 中，按坝段号顺序排列，并将其对齐，保证每个坝段之间没有缝隙，这样，就完成了大坝整体三维模型的建立。

3. 建立数字地面模型

数字地面模型（DTM）是用来表示三维空间连续起伏状态的数学模型，是整个施工系统布置和活动的场所，是三维图像展示的重要虚拟地形环境。

本系统高精度网格 DEM 的生成方案为：充分考虑等高线的自身特性及地形特征建立 TIN。将数字化的等高线数据进行处理后，利用基于不规则网格 TIN 的方法进行数据建模，从而较好地表现坝址处复杂的地形地貌，并使生成的 DEM 数据具有较高的精度和效率。如图 7-2 和图 7-3 所示分别为不规则三角网格、规划网格示意。

图 7-2　不规则三角网格

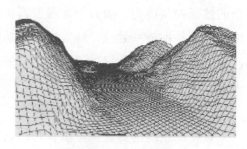

图 7-3　规则网格

4. 坝体建模

坝体空间建模：建立坝体各种空间结构部分的几何尺寸和空间位置数据，通过对坝段控制线的插值，得到各坝段的几何尺寸、每层层厚、混凝土量、浇筑面面积等参建各方关注的空间属性。

浇筑坝块时空建模：将各浇筑块的空间属性信息和浇筑时间联系起来，得到不同时间完成的浇筑块体，并进行三维显示，动态模拟大坝施工浇筑过程。

如图 7-4 所示为大坝模型设计示意。

图 7-4　大坝模型设计

第二节　大坝施工仿真三维可视化管理系统功能应用

一、三维可视化查询

本模块的主要功能是：对大坝的建造过程进行施工仿真，提供仿真动画、坝段拾取、仿真状态切换、显示设置、视点管理五个基本功能。利用 QT 作为程序主框架，使程序可以跨平台运行。同时，这套软件可以通过鼠标与键盘同用户进行交互，可以判断用户所点击的物体，并显示该物体的信息，如高度、时间、天气情况、预计完成时间等，给使用者获得沉浸感的同时获得详细的数据资料。

（一）加载仿真方案

点击"读取仿真方案"图标，弹出窗口选择文件窗口，本软件的 XML 主要存储导流隧洞开挖、围堰开工、基坑排水、坝基开挖、垫层混凝土浇筑、固结灌浆、坝体浇筑等阶段的开始和结束时间，每个阶段又分成若干部分，存储该施工阶段的工程信息，如仿真状态、仿真时间、坝段高度和层数、天气情况、描述信息等。不同的施工方案可以存为不同的 XML 文件，用户可以选择指定的方案加载。

（二）显示设置

点击"显示设置"窗口的"全屏显示""窗口显示"即可在全屏和窗口之间切换，也可点击快捷键窗口的第二、第三个图标进行切换。窗口模式下默认分辨率为 1024×768，兼容绝大多数显示器。如果对该分辨率不满意，可以将鼠标移至窗口的边缘，等鼠标图标变为双向的箭头状，单击鼠标左键并拖动，即可改变窗口的尺寸。为了获得较好的视觉效果，建议采用 1024×768 或更大的分辨率。在全屏状态下，为了获得更大的显示尺寸和更好的操作沉浸感，将菜单选项和窗口标题栏全部隐藏，仅保存必要的快捷键操作图标，无论在全屏还是窗口模式下，对三维显示区域的操作方式都是相同的。

如图 7-5～图 7-9 所示为部分操作界面示意。

（三）仿真时间输入

本系统提供仿真起止时间的输入功能，该时间段用于仿真动画的显示，会读取用户输入的起止时间，并验证时间是否合法，以防出现时间格式不正确、结束时间小于开始时间等不合法输入，点击完成后，会自动根据起止时间，连

图 7-5　围堰开挖

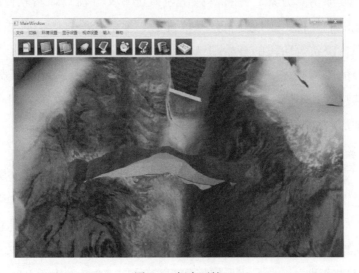

图 7-6　坝肩开挖

接数据查询或查询 XML 文件，从中获得这个时间段的浇筑信息，并以动画形式向用户展示。如果不输入时间，软件会默认从施工开始到施工结束，整个过程进行动画仿真。

（四）仿真状态切换

仿真对象的拾取：对象拾取是采用交点检测实现，交点检测是利用 Line Segment Intersector 来实现，向程序提供查询相交测试结果的函数。

文字显示：适当的文字信息对于显示场景信息是非常重要的，在 OSG 中，

178

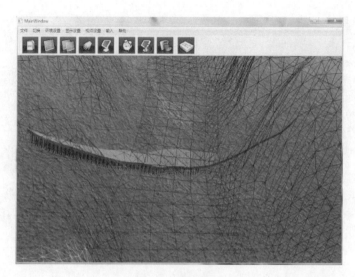

图 7-7　固结灌浆

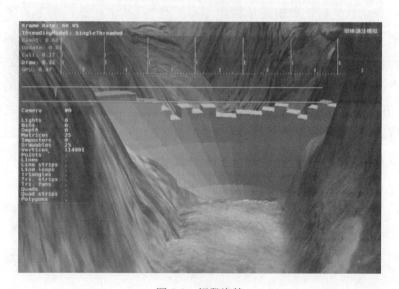

图 7-8　坝段浇筑

osgText 是向场景中添加文字的强有力工具。在本软件中，主要用到二维平面文字，利用 osgText：：Text 类负责渲染。

（五）仿真动画

点击"切换"菜单中"动画"按键，会自动显示一系列的施工进度。包括围堰开挖、基坑排水、坝肩开挖、固结灌浆、坝段浇筑仿真、浇注完成、大坝出水几个阶段。

图 7-9   大坝浇筑完成效果图

（六）仪器监测资料可视化查询

用户登录系统后，单击菜单栏中"可视化查询"，在显示的下拉菜单中单击"监测资料"，弹出"变化曲线图"对话框，即可对大坝的某个仪器的监测资料进行可视化查询，同时可以对比该仪器所监测节点的计算数据变化曲线。

或者在登录系统后，填写主界面"仪器监测资料可视化查询"中的"仪器编号"，并单击"仪器名称"下拉菜单，选择任意一个类型的仪器，之后单击"查询"按钮，即可对大坝的某个仪器的监测资料进行可视化查询，同时可以对比该仪器所监测节点的计算数据变化曲线。

（七）单一坝段查询

用户登录系统后，单击菜单栏"可视化查询"下的"单一坝段二维查询"，在显示的"单一坝段查询"页面中，即可对大坝的单一坝段浇筑过程进行可视化查询。之后单击"查询"按钮，即可对大坝的单一坝段浇筑过程进行可视化查询。

二、信息查询

（一）仪器查询

用户登录系统后，单击菜单栏中"数据维护→信息维护→监测仪器信息"，显示"仪器查询"界面，即可对大坝浇筑过程中使用的某一仪器进行查询。可按仪器编号、仪器名称、坝段编号、坝层编号等条件来查询。若查询条件中的四项均为空，则默认显示出全部的仪器信息。在输入查询条件后单击"查询"按钮显示查询的结果，包括：仪器编号、仪器名称、坝段号、层号、纵向桩号、横向桩号、高程、埋设时间、开始观测时间、仪器描述、仪器坐标、节点编号、剖面编号，以及对该项仪器的操作设置。用户可以对查询结果进行排序，也可以导出查询结果保存为 .txt 类型的文件，还可以修改、删除仪器信息。

（二）仓面浇筑信息查询

用户登录系统后，单击"数据维护→信息维护→仓面浇筑信息"，显示"仓面混凝土浇筑信息"界面，即可对大坝浇筑过程中的某一坝段、某一坝层的信息进行查询。在输入查询条件后单击"查询"按钮显示查询的结果，即大坝浇筑过程中的某一坝段、某一坝层的信息，包括：仓面混凝土基本信息、天气情况、太阳辐射强度、开始浇筑时间、结束浇筑时间、仓位开始高程、仓位结束高程、高程、累计浇筑天数、累计浇筑高度、混凝土类型、仓面湿度、仓面气温、机口温度、进料平台温度、入仓温度、浇筑温度、混凝土等级、机口含气量、温控措施、浇筑备注、仓位开始横向桩号、仓位结束横向桩号、仓位开始纵向桩号、仓位结束纵向桩号、本仓混凝土方量、本仓面面积、混凝土分区、横向桩号、纵向桩号、碾前监测时间、仓层号、仓面 VC 值、仓面含气量、碾平监测时间和仓面容量，以及对该坝层浇筑信息的操作设置。用户可以对查询结果进行排序，也可以导出查询结果保存为 .txt 类型的文件，还可以修改、删除仓面浇筑信息。

（三）混凝土类型查询

用户登录系统后，单击菜单栏中"数据维护→信息维护→混凝土类型"，显示"混凝土信息"界面，即可对大坝浇筑过程中使用的某一混凝土的类型信息进行查询。在输入查询条件后单击"查询"按钮显示查询的结果，即所要查询的某一混凝土类型信息，包括：混凝土类型、配合比、比热、导热系数、导温系数、热膨胀系数、绝热温升公式、抗压强度、抗拉强度、弹性模量和极限拉伸，以及对该混凝土类型的操作设置。用户可以对查询结果进行排序，也可以导出查询结果保存为 .txt 类型的文件，还可以修改、混凝土类型信息。

（四）冷却水管运行信息查询

用户登录系统后，单击菜单栏中"数据维护→信息维护→冷却水管运行信息"，显示"冷却水管基本信息"界面，即可对大坝浇筑过程中的某一冷却水管的信息进行查询。在输入查询条件后单击"查询"按钮显示查询的结果，即所查询的冷却水管信息，包括：冷却水管基本信息，通水开始、结束时间、进出口水温等。用户可以对查询结果进行排序，也可以导出查询结果保存为 .txt

类型的文件，还可以修改、删除冷却水管运行信息。

（五）环境信息查询

用户登录系统后，单击菜单栏中"数据维护→信息维护→环境信息"，显示"环境基本信息"界面，即可对大坝浇筑过程中某一位置的环境信息进行查询。在输入查询条件后单击"查询"按钮显示查询的结果，即所查询的环境信息，包括：横向桩号、纵向桩号、高程、观测时间、温度、相对湿度、风向、风速、降雨量和天气概况，以及对该环境信息的操作设置。用户可以对查询结果进行排序，也可以导出查询结果保存为.txt类型的文件，还可以修改、删除环境信息。

（六）温度场信息查询

用户登录系统后，单击菜单栏中"数据维护→信息维护→温度场信息"，显示"温度场信息"界面，即可对大坝浇筑过程中使用的某一坝段的温度场信息进行查询。在输入查询条件后单击"查询"按钮显示查询的结果，即所查询的温度场信息，包括：坝段号、y、x、z（坐标）、浇筑时间、仓面号、记录时间和温度，以及对该温度场信息的操作设置。用户可以对查询结果进行排序，也可以导出查询结果保存为.txt类型的文件，还可以修改、删除温度场信息。

（七）机口混凝土拌和物信息查询

用户登录系统后，单击菜单栏中"数据维护→信息维护→机口混凝土拌合和物信息"，显示"机口混凝土拌和物信息"界面，即可对大坝浇筑过程中的某一坝段的机口混凝土拌和物信息进行查询。在输入查询条件后单击"查询"按钮显示查询的结果，即所查询的机口混凝土拌和物信息，包括：所属坝段号、开始横向桩号、结束横向桩号、开始纵向桩号、结束纵向桩号、开始高程、结束高程、拌和开始时间、拌和结束时间、本仓混凝土方量、检测时间、混凝土等级、混凝土分区、机口气温、机口混凝土温度、机口 VC 值、机口含气量、机口容量和备注，以及对该坝层的操作设置。用户可以对查询结果进行排序，也可以导出查询结果保存为.txt类型的文件，还可以修改、删除机口混凝土拌和物信息。

（八）仪器监测资料查询

1. 温度计观测数据查询

用户登录系统后，单击菜单栏中"数据维护→信息维护→温度计观测数据"，显示"温度计观测数据"界面，即可对某一温度计一段时间内的状态进行查询。在输入查询条件后单击"查询"按钮显示查询的结果，即某一温度计在开始时间到结束时间内的状态信息，包括：温度计编号、观测时间、观测值，以及对该温度计的操作设置。用户可以对查询结果进行排序，也可以导出查询结果保存为.txt类型的文件，还可以修改、删除温度计观测数据信息。

2. 应力计观测数据查询

用户登录系统后，单击菜单栏中"数据维护→信息维护→应力计观测数据"，显示"应力计观测数据"界面，即可对某一应力计一段时间内的状态进行查询。在输入查询条件后单击"查询"按钮显示查询的结果，即某一应力计在开始时间到结束时间内的状态信息，包括：应力计编号、观测时间、观测值，以及对该应力计的操作设置。用户可以对查询结果进行排序，也可以导出查询结果保存为.txt类型的文件，还可以修改、删除应力计观测数据信息。

3. 位移计观测数据查询

用户登录系统后，单击菜单栏中"数据维护→信息维护→位移计观测数据"，显示"位移计观测数据"界面，即可对某一位移计一段时间内的状态进行查询。在输入查询条件后单击"查询"按钮显示查询的结果，即某一位移计在开始时间到结束时间内的状态信息，包括：位移计编号、观测时间、观测值，以及对该位移计的操作设置。用户可以对查询结果进行排序，也可以导出查询结果保存为.txt类型的文件，还可以修改、删除位移计观测数据信息。

4. 冷却水管观测数据查询

用户登录系统后，单击菜单栏中"数据维护→信息维护→冷却水管观测数据"，显示"冷却水管观测数据"界面，即可对某一冷却水管一段时间内的状态进行查询。在输入查询条件后单击"查询"按钮显示查询的结果，即某一冷却水管在开始时间到结束时间内的状态信息，包括：冷却水管编号、通水开始时间、通水结束时间、混凝土分区、记录时间、通水流量、通水方向变换时段、进水水温、出水水温、温差、闷温、闷温时段、备注，以及对该冷却水管的操作设置。用户可以对查询结果进行排序，也可以导出查询结果保存为.txt类型的文件，还可以修改、删除冷却水管观测数据信息。

三、数据维护

（一）基础数据

用户登录系统后，单击菜单栏中"数据维护→信息维护"，可分别对大坝浇筑过程中使用的某一仪器信息、混凝土类型信息、某一位置的环境信息、大坝的某一坝层的基本信息、某一坝段的温度场信息进行添加、查询、修改、删除。

（二）浇筑信息

用户登录系统后，单击菜单栏中"数据维护→信息维护→仓面浇筑信息"，显示"仓面混凝土浇筑信息"界面，即可对大坝浇筑过程中的浇筑信息进行编辑。

（三）冷却水管运行信息

用户登录系统后，单击菜单栏中"数据维护→信息维护→冷却水管运行信息"，显示"冷却水管基本信息"界面，即可对大坝浇筑过程中的某一冷却水管的信息进行编辑。

（四）机口混凝土拌和物信息

用户登录系统后，单击菜单栏中"数据维护→信息维护→机口混凝土拌和物信息"，显示"机口混凝土拌和物信息"界面，即可对大坝浇筑过程中的某一坝段的机口混凝土拌和物信息进行添加、查询、修改、删除。

（五）监测资料

用户登录系统后，单击菜单栏中"数据维护→信息维护"，可分别对大坝的某一温度计在某一观测时间的观测值、某一应力计在某一观测时间的观测值、某一位移计在某一观测时间的观测值、某一冷却水管在某一观测时间的观测值进行添加、查询、修改、删除。

（六）数据导入

用户登录系统后，单击菜单栏中"数据维护→数据导入→Excel 导入"，显示"Excel 导入"界面，即可对系统数据库中的某些表的数据导入。首先，从选项列表里选择一项条目，单击选中，来确定文件要导入数据库中的目标表。选择数据库目标表完成后，会显示相应数据库目标表的上传文件界面。点击上传区域，弹出"打开"窗口，在其中选择需要上传的文件，单击目标文件后，单击"打开"按钮，即可完成上传。或者将目标文件拖入上传区域，也可完成上传。所选择的上传文件大小限制为 2MB，上传文件的名称不能用中文。

四、系统管理

系统管理功能包括添加、删除用户，修改密码，切换用户，日志查看功能。管理员类型的用户有权限添加新用户或删除已有用户；所有用户登录后都可以修改自己的密码；由于本系统会保存之前登录的用户名和密码，新用户想要登录必须切换用户；用户登录系统后可通过日志查看功能对所有用户所做的与数据修改相关的操作进行查看。

参 考 文 献

[1] 武永新. 玄庙观碾压混凝土双曲拱坝设计研究 [D]. 天津：天津大学，2004.

[2] 弗骥鸣. 碾压混凝土筑坝技术在我国的推广与应用 [C]//中国水利学会 2001 学术年会. 中国，北京. 2001.

[3] Dunstan, M. R. H. 2006 年底碾压混凝土坝综述 [C]//第五届碾压混凝土坝国际研讨会. 中国，贵阳. 2007.

[4] 邓斯坦，M.，朱晓红. 2008 年世界 RCC 坝纵览 [J]. 水利水电快报，2009，30（06）：23-25.

[5] 毛远辉. 严寒地区高碾压混凝土重力坝温控与防裂研究 [D]. 乌鲁木齐：新疆农业大学，2006.

[6] 张光斗. 碾压混凝土筑坝新技术 [J]. 水力发电学报，1993（1）：86-98.

[7] 苏达科夫，彭军. 恶劣气候条件下的大坝设计 [J]. 水利水电快报，2000（13）：32.

[8] 尤尔克维奇，Б. Н.，王正旭. 俄罗斯近年和即将投运水电站的现状及前景 [J]. 水利水电快报，2003（7）：7-10.

[9] Oliverson, J. E. and A. T. Richardson. Upper Stillwater Dam-Design and Construction Concepts [J]. Concrete International：Design and Construction，1984，6（5）：20-28.

[10] Choi, Y., J. D. Neighbors and J. D. Reichler. Cold weather placement of RCC [J]. Journal of materials in civil engineering，2003，15（2）：118-124.

[11] Nollet, M. and F. Robitaille. General aspect of design and thermal analysis of RCC Lac Robertson dam. 1995.

[12] Nagayama, I. and S. Jikan. 30 Years' History of Roller-compacted Concrete Dams in Japan. in Proc. Fourth Int. Symp. on Roller Compacted Concrete Dams. 2003.

[13] Scuero, A., G. Vaschetti. 蒙古 TAISHIR RCC 大坝 [C]//第五届碾压混凝土坝国际研讨会. 中国，贵阳. 2007.

[14] 黄连火. 坑口水库碾压混凝土坝运行 [C]//中国水力发电工程学会 2003 年度学术年会. 2003.

[15] 王圣培. 中国碾压混凝土筑坝技术的发展 [C]//第五届碾压混凝土坝国际研讨会. 中国，贵阳. 2007.

[16] 方坤河. 中国碾压混凝土坝的混凝土配合比研究 [J]. 水力发电，2003（11）：51-53.

[17] 杨萍，胡平，刘玉. 碾压混凝土重力坝温控防裂仿真研究 [C]//2010 年全国碾压混凝土筑坝技术交流会. 中国，贵阳. 2010.

[18] 黄淑萍，等. 光照碾压混凝土重力坝施工仿真温控防裂研究 [C]//庆祝坑口碾压混凝土坝建成 20 周年暨龙滩 200m 级碾压混凝土坝技术交流会. 中国，龙滩. 2006.

[19] 王成山．严寒地区碾压混凝土重力坝温度应力研究与温控防裂技术［D］．大连：大连理工
大学，2003.

[20] SL/T 191—1996，水工混凝土结构设计规范［S］.

[21] SL 319—2005，混凝土重力坝设计规范［S］.

[22] Richardson, A. T.. Performance of Upper Stillwater Dam. Roller Compacted Concrete Ⅲ,
ASCE, New York, NY, 1992：148-161.

[23] 孙君森，林鸿镁．重力坝设计新思路［J］．水利学报，2004（2）：62-67.

[24] 李东升．碾压混凝土坝裂缝实例分析［J］．东北水利水电，1994（5）：36-41.

[25] 王福林，杜士斌．严寒地区碾压混凝土重力坝的温度裂缝及其防治［J］．水利水电技术，
2001（1）：60-62.

[26] 赵忠柱，马元银，王刚．观音阁大坝施工中防裂和裂缝处理［J］．水利水电施工，
2001（2）：27-28.

[27] 冯明珲，等．白石水库工程 RCD 碾压混凝土配合比设计分析［J］．大连理工大学学报，
1999（4）：105-109.

[28] 王成山，等．白石水库碾压混凝土坝温度控制与防裂措施的研究与应用［J］．水利水电技
术，1998（9）：44-47.

[29] 姜国辉，等．白石水库碾压混凝土重力坝基础垫层混凝土裂缝的原因分析［J］．沈阳农业
大学学报，2005（3）：82-85.

[30] 褚贵发，张连俊．玉石水库碾压混凝土拌和物 VC 值的控制与分析［J］．农业与技术，
2006（4）：109-111.

[31] 李胜福，薛天野．玉石水库 6 号坝段劈头裂缝分析及处理［J］．东北水利水电，2002（7）：
21-22.

[32] 王成山，等．阎王鼻子大坝施工期温控及防裂设计与实施［J］．水利水电技术，1999（8）：
16-17.

[33] 平任，肖亚军．阎王鼻子水库大坝施工中的简易温控措施［J］．东北水利水电，2002（4）：
37-38，56.

[34] 宋淑荣．阎王鼻子水库工程混凝土裂缝处理［J］．中国科技信息，2008（11）：80-81.

[35] 杨东伟，金光森．碾压混凝土坝的渗漏问题及处理措施［J］．吉林水利，2005（12）：
40，43.

[36] 祁立友，周世龙，王育琳．桃林口水库大坝混凝土裂缝处理［J］．河北水利，2006
（3）：34.

[37] 焦全喜，崔刚．新疆山口水电站碾压混凝土施工［J］．四川水利，2009，30（1）：18-21.

[38] 赵宏富，车文秀．碾压混凝土工程冬季保温措施浅析［J］．吉林水利，2009（3）：58-59.

[39] 白生强，武英杰，杨玲．浅析水工大体积混凝土结构裂缝成因及控制［J］．中国高新技术
企业，2008（19）：212，215.

[40] 夏世法．三峡工程大洞径、厚衬砌混凝土施工期监测及温度徐变应力研究［D］．南京：河

海大学，2004.

[41] Wilson，E. L.. The determination of temperatures within mass concrete structures（SESM Report No. 68-17）. Structures and Materials Research：Department of Civil Engineering University of California，Berkeley，1968.

[42] Tatro，S. B. and E. K. Schrader. Thermal considerations for roller-compacted concrete [J]. Journal Proceedings，1985.

[43] Barrett，P. R.，et al. Thermal-structural analysis methods for RCC dams [J]. Roller compacted concrete Ⅲ. 1992：ASCE.

[44] 陈宗梁. 日本的碾压混凝土坝技术 [J]. 水力发电学报，1994（1）：69-78.

[45] 董福品，朱伯芳. 碾压混凝土坝温度徐变应力的研究 [J]. 水利水电技术，1987（10）：22-30.

[46] 吕琦. 碾压混凝土重力坝缺口度汛三维有限元温控仿真分析 [D]. 西安：西安理工大学，2007.

[47] 刘曜. 斜层铺筑对碾压混凝土重力坝温度场及温度应力的影响研究 [D]. 西安：西安理工大学，2008.

[48] 王爱华. 五道库水电站大体积混凝土温控防裂分析 [D]. 哈尔滨：黑龙江大学，2016.

[49] Zienkiewicz，O. C. and M. Watson. Some creep effects in stress analysis with particular reference to concrete pressure vessels [J]. Nuclear Engineering and Design，1966. 4（4）：406-412.

[50] 朱伯芳. 混凝土结构徐变应力分析的隐式解法 [J]. 水利学报，1983（5）：40-46.

[51] 王秉钧. 铜街子水电站大坝碾压混凝土坝段的设计概况 [J]. 水力发电，1989（6）：9-14.

[52] 丁宝瑛，黄淑萍，岳耀真，胡平，朱绛. 普定碾压混凝土拱坝整体碾压温控技术研究 [J]. 水力发电，1995（10）：15-19，25，67-68.

[53] 岳耀真，等. 龙滩碾压混凝土重力坝的温度应力分析及防裂研究 [J]. 红水河，1997（3）：17-22.

[54] 朱伯芳. 多层混凝土结构仿真应力分析的并层算法 [J]. 水力发电学报，1994（3）：21-30.

[55] 张建斌，等. RCCD三维温度场仿真分析的浮动网格法 [J]. 水力发电，2002（7）：61-63，77.

[56] 陈里红，傅作新. 大体积混凝土结构施工期软化开裂分析 [J]. 水利学报，1992（3）：70-74.

[57] 傅作新，张子明. 龙滩碾压混凝土坝的仿真计算 [J]. 红水河，1997（1）：13-17，28.

[58] 朱岳明，贺金仁，刘勇军. 龙滩高 RCC 重力坝夏季不同浇筑温度的温控防裂研究 [J]. 水力发电，2002（11）：32-36，73.

[59] 秦秀芬. 光照水电站碾压混凝土重力坝温度控制 [J]. 红水河，2009，28（2）：25-29.

[60] 韩芳，彭波，汪君. 百色碾压混凝土重力坝温度场仿真分析 [J]. 红水河，2005（4）：9-

12，19.

[61] 周柏林，左建明．江垭碾压混凝土坝温度控制设计 [J]．水力发电，2001（5）：41-42.

[62] 彭成佳，等．普定拱坝温度场反馈分析及开裂仿真 [J]．武汉大学学报（工学版），
2006（1）：21-25.

[63] 刘海成，吴金国，吴智敏．沙牌碾压混凝土拱坝应力场仿真计算分析 [J]．沈阳建筑大学
学报（自然科学版），2005（5）：27-32.

[64] 念红芬，陈利刚．景洪电站左岸坝段混凝土温控设计与防裂措施研究 [J]．四川建材，
2007（4）：33-35.

[65] 毛影秋．棉花滩碾压混凝土重力坝温控设计 [J]．水利水电技术，2000（11）：46-49.

[66] 王成山，等．白石水库碾压混凝土坝温度控制与防裂措施的研究与应用 [J]．水利水电技
术，1998（9）：44-47.

[67] 劳道邦，等．温泉堡水库碾压混凝土拱坝低温表面保护研究 [J]．南水北调与水利科技，
2007（6）：102-106.

[68] 王建民．龙首水电站碾压混凝土重力坝方案温控设计 [J]．甘肃水利水电技术，1998（4）：
57-58.

[69] 刘光廷，等．碾压混凝土拱坝仿真设计与新结构 [J]．中国水利，2007（21）：7-9.

[70] 黄晓辉．基于严寒地区碾压混凝土工程冬季保温措施的应用研究 [J]．辽宁省交通高等专
科学校学报，2009，11（1）：10-12.

[71] 陈昌礼．氧化镁混凝土筑坝技术的应用情况分析 [J]．贵州水力发电，2005（2）：51-53.

[72] 袁美栖，唐明述．吉林白山大坝混凝土自生体积膨胀机理的研究 [J]．南京工业大学学
报（自然科学版），1984（2）：38-45.

[73] 王成山，等．坝体镶嵌部位采用 MgO 微膨胀混凝土的研究与应用 [J]．水利水电技术，
1999（8）：14-15.

[74] 刘立，赵顺增，杨波．碾压混凝土外掺 MgO 安定性试验研究 [J]．膨胀剂与膨胀混凝土，
2010（1）：35-38.

[75] 李鹏辉，等．外掺氧化镁碾压混凝土试验研究 [J]．水利水电技术，2004（4）：82-84.

[76] 李红彦．外掺 MgO 混凝土自生体积变形试验研究 [J]．中国农村水利水电，2008（9）：
123-124，127.

[77] 王述银，覃理利，邓建武．掺 MgO 碾压混凝土自生体积变形试验研究 [J]．长江科学院院
报，2006（3）：43-46.

[78] 李承木．氧化镁混凝土自生体积变形的长期试验研究成果 [J]．水力发电学报，1999（2）：
14-16，18，20-23.

[79] 丁宝瑛，岳耀真，朱绛．掺 MgO 混凝土的温度徐变应力分析 [J]．水力发电学报，
1991（4）：45-55.

[80] 胡平，杨萍．掺氧化镁混凝土建造高碾压混凝土重力坝的温度补偿计算方法 [J]．中国水
利水电科学研究院学报，2004（4）：68-72.

[81] Stucky, A., et al. Problèmes thermiques posés par la construction des barrages réservoires. 1957: Société du Bulletin technique de la Suisse romande.

[82] 朱伯芳. 混凝土坝施工期温度场计算 [J]. 水利水电技术, 2010, 41 (9): 36-41, 56.

[83] 朱伯芳. 有内部热源的大块混凝土用埋设水管冷却的降温计算 [J]. 水利学报, 1957 (4): 87-106.

[84] 朱伯芳, 蔡建波. 混凝土坝水管冷却效果的有限元分析 [J]. 水利学报, 1985 (4): 27-36.

[85] Zhu B., J. Cai. Finite element analysis of effect of pipe cooling in concrete dams [J]. Journal of Construction Engineering and Management, 1989, 115 (4): 487-498.

[86] 丁宝瑛. 大体积混凝土与冷却水管间水管温差的确定 [J]. 水利水电技术, 1997 (3): 12-16.

[87] 董福品, 丁宝瑛. 混凝土冷却水管的冷却效果分析 [J]. 水力发电, 1993 (3): 29-33.

[88] 朱岳明, 等. 混凝土水管冷却温度场的计算方法 [J]. 长江科学院院报, 2003 (2): 19-22.

[89] 朱岳明, 张建斌. 碾压混凝土坝高温期连续施工采用冷却水管进行温控的研究 [J]. 水利学报, 2002 (11): 55-59.

[90] 刘有志, 朱岳明, 张国新. 周公宅拱坝 PE 水管现场冷却效果反馈分析研究 [J]. 水力发电, 2007 (3): 40-43.

[91] 朱伯芳. 关于"混凝土水管冷却温度场的计算方法"的讨论 [J]. 长江科学院院报, 2003 (4): 62-63.

[92] 朱伯芳, 许平. 加强混凝土坝面保护尽快结束"无坝不裂"的历史 [J]. 水力发电, 2004 (3): 25-28.

[93] 朱伯芳. 混凝土坝温度控制与防止裂缝的现状与展望 [J]. 水利学报, 2006 (12): 1424-1432.

[94] 杜彬. 聚氨酯硬质泡沫在大坝工程中的应用研究 [J]. 水利水电科技进展, 2002 (4): 14-16.

[95] 刘翔. 复合材料结构温度场的有限元算法研究以及在面板坝中的应用 [D]. 北京: 清华大学, 2004.

[96] 张国新. 不同材料复合结构温度场的有限元算法改进 [J]. 水力发电, 2003 (9): 37-38, 55.

[97] 毕重, 齐丽杰, 王学志. 碾压混凝土坝诱导缝研究进展 [J]. 辽宁工业大学学报 (自然科学版), 2008 (5): 310-312.

[98] 顾爱军. 含诱导缝坝体的非线性断裂力学分析 [J]. 合肥工业大学学报 (自然科学版), 2005 (12): 1585-1589.

[99] 曾昭扬, 马黔. 高碾压混凝土拱坝中的构造缝问题研究 [J]. 水力发电, 1998 (2): 32-35, 71.

[100] 万光义, 吴银刚. 某碾压混凝土拱坝诱导缝布置形式研究 [J]. 人民珠江, 2017. 38 (4): 82-85.

[101] 黄达海，宋玉普，赵国藩. 碾压混凝土拱坝诱导缝的等效强度研究 [J]. 工程力学，2000（3）：16-22.

[102] 张小刚，宋玉普，吴智敏. Calculation model of equivalent strength for induced crack based on double-K fracture theory and its optimizing setting in RCC arch dam [J]. 天津大学学报（英文版），2005，11（1）：59-65.

[103] 周伟，等. 基于温度应力仿真分析的碾压混凝土重力坝诱导缝开裂研究 [J]. 岩石力学与工程学报，2006（1）：122-127.

[104] 周伟，等. 考虑施工期至运行期全过程温度荷载作用的高碾压混凝土拱坝结构分缝研究 [J]. 水利学报，2008（8）：961-968.

[105] 特亚达，L.C.，胡石华. 哥伦比亚波尔塞Ⅱ RCC 坝的设计与施工 [J]. 水利水电快报，2001（22）：10-13.

[106] 戴，A.，等. 印度尼西亚巴拉姆巴诺 RCC 坝的建设 [J]. 水利水电快报，2001（16）：16-19.

[107] 黎军. 水工结构施工期混凝土温度场反分析及其应用 [D]. 北京：河海大学，2002.

[108] 李洋波，马雪峰，黄达海. 基于仿真分析的混凝土坝热学参数反演方法 [J]. 水电能源科学，2009，27（5）：111-113.

[109] 刘宁，张剑，赵新铭. 大体积混凝土结构热学参数随机反演方法初探 [J]. 工程力学，2003（5）：114-120.

[110] 陈樊建，朱岳明. 遗传算法在拱坝热学参数反演分析中的应用 [J]. 华北水利水电学院学报，2007（2）：33-35.

[111] 何光宇. 混凝土温度场反演分析与施工反馈分析 [J]. 华北水利水电学院学报，2004（4）：9-13.

[112] 张群，高焕焕，朱展博. 拉西瓦拱坝混凝土温度实测资料整编分析方法研究与应用 [J]. 西北水电，2009（5）：49-52，82.

[113] 邱焕峰，等. 小湾拱坝施工过程温度场仿真分析 [J]. 武汉大学学报（工学版），2010，43（6）：723-726.

[114] 丁世来. 混凝土坝施工过程仿真及浇筑块排序方法研究 [D]. 武汉：武汉大学，2004.

[115] 钟登华，李景茹. 复杂地下洞室群施工交通运输系统仿真与优化研究 [J]. 系统仿真学报，2002（2）：140-142，145.

[116] 孙艳丰，等. 大坝浇筑进度可视化系统 [J]. 北京工业大学学报，2009，35（10）：1428-1433.

[117] 李勇刚，胡志根，燕乔. 混凝土拱坝浇筑仿真的可视化技术研究 [J]. 武汉水利电力大学学报，2000（1）：33-36.

[118] 魏根成. 三峡水利枢纽混凝土温度控制 [J]. 西北水电，2001（3）：38-40.

[119] 蒋胜祥. 高气温地区碾压混凝土重力坝温控防裂方法研究 [D]. 南京：河海大学，2007.

[120] 刘涛，卢冰华. 某混凝土重力坝裂缝分类及产生原因综述 [J]. 水利水电技术，2011，

42 (7)：48-51.

[121] 宋玉普，魏春明．混凝土施工缝接缝面劈拉强度试验研究［J］.混凝土，2006（6）：
22-25.

[122] 邓铭江．严寒地区碾压混凝土筑坝技术及工程实践．水力发电学报，2016，35（9）：
111-120.

[123] SL 314—2004，碾压混凝土坝设计规范．

[124] 金玉，等．三峡工程右岸地下厂房引水洞衬砌混凝土轴向裂缝成因分析［J］.浙江水利水
电专科学校学报，2011，23（1）：17-20.

[125] 张智．碾压混凝土重力坝温控及防裂措施研究［D］.天津：天津大学，2009.

[126] 陈浩，段亚辉，韩春铃．水管冷却问题的等效算法及其应用［J］.中国农村水利水电，
2006（10）：71-75.

[127] 朱伯芳．混凝土的弹性模量、徐变度与应力松弛系数［J］.水利学报，1985（9）：54-61.

[128] 朱伯芳．再论混凝土弹性模量的表达式［J］.水利学报，1996（3）：89-91，88.

[129] 赵成先，阮新民，李红鑫.SK 单组份聚脲在北疆某水利工程表孔溢洪道混凝土表面的防
护修补应用［J］.水利水电技术，2014，45（6）：76-78.

[130] 王一凡．高寒地区碾压混凝土重力坝劈头裂缝温度应力仿真计算研究［D］.西安：西安
理工大学，2010.

[131] 雷艳，赵丽娟，周伟．大体积混凝土结构表面保温措施工程实例分析［J］.西北水电，
2011（1）：34-40.

[132] 阮新民，鲁一晖，夏世法．高寒地区某 RCC 重力坝夏季高温期施工温控措施及应用效果
分析［J］.水利建设与管理，2009，29（8）：25-28.

[133] 李童．大体积混凝土温度场构成因素分析［J］.四川建材，2011，37（4）：26-28.

[134] 刘亚琼．大体积混凝土预埋冷却水管的效果研究［D］.贵州：贵州大学，2009.

[135] 解宏伟．混凝土坝冷却水管冷却效果仿真计算研究［D］.西安：西安理工大学，2005.

[136] 黄毅，王志臣，李小白．新疆北部特别严寒地区某坝碾压混凝土温控技术［J］// 2010 年
度碾压混凝土筑坝技术交流研讨会．中国，贵阳.2010.

[137] 高建山，刘官升，荣艳群．严寒地区碾压混凝土坝保温效果研究与应用［J］.水利水电施
工，2013（1）：32-34.

[138] 杜彬．聚氨酯硬质泡沫在大坝工程中的应用研究［J］.水利水电科技进展，2002（4）：
14-16.

[139] 田育功．碾压混凝土筑坝十项创新技术评析［J］.水利水电施工，2008（4）：17-22.

[140] 程冬．丰满混凝土重力坝的地震响应分析［D］.大连：大连理工大学，2008.

[141] 徐德芳．重力坝坝内置换混凝土防渗墙技术探讨［J］.水力发电，2013，39（7）：36-
38，67.

[142] 卢金胜．盾构自动导向系统软件的开发［D］.武汉：华中科技大学，2017.

[143] 彭兴健．铸钢件木模管理信息系统的开发与应用［D］.武汉：华中科技大学，2013.

[144] 郑家祥. 高碾压混凝土拱坝施工过程仿真与优化研究 [D]. 天津：天津大学，2007.

[145] 杨漾，等. 基于 Unity 3D 的虚拟家具商城的设计与实现 [J]. 计算机时代，2014 (6)：47-49，80.

[146] 黄小丽，邹国忠. 基于微信企业号及云盘构建高校移动服务平台 [J]. 电子技术与软件工程，2017 (11)：82，87.

[147] 王浩. 基于微信的铁路信息化办刊平台的设计与实现 [J]. 铁路计算机应用，2016，25 (2)：36-39.

[148] 陈忠彬. 水文遥测站维护"指南者"——基于 HTML5 的 Web App 设计与实现 [J]. 广西水利水电，2016 (5)：7-9，35.

[149] 吴康新. 混凝土高拱坝施工动态仿真与实时控制研究 [D]. 天津：天津大学，2008.

[150] 石英. 混凝土拱坝浇筑施工仿真研究与仓面设计 [D]. 天津：天津大学，2005.

[151] 殷小科，等. 基于 CSCW 下 Web 多数据库协同管理的研究 [J]. 计算机工程与设计，2003 (2)：11-15.

[152] 陈立华. 向家坝水电站大坝施工动态三维可视化仿真研究 [D]. 武汉：武汉大学，2004.

[153] 陈立华，申明亮，钟俊. 基于 GIS 的大坝混凝土施工动态三维可视化仿真研究 [C]// 水电 2006 国际研讨会. 中国，昆明. 2006.

[154] 孙艳丰，等. 大坝浇筑进度可视化系统. 北京工业大学学报，2009，35 (10)：1428-1433.

[155] 吴康新. 金安桥碾压混凝土坝施工动态可视化仿真与优化研究 [D]. 天津：天津大学，2005.